Mein Heilpflanzengarten

Rudi Beiser

Mein Heilpflanzengarten

Gesunde Kräuter pflanzen, ernten und anwenden

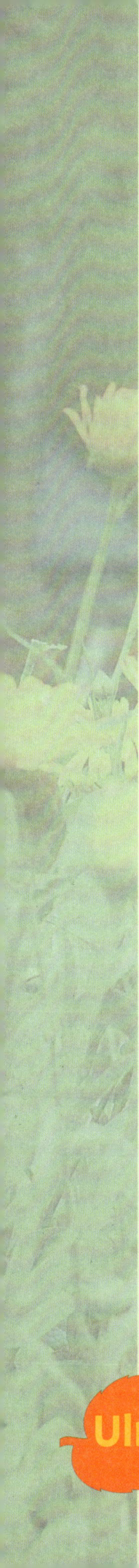

Ulmer

Herzlich willkommen in meinem Heilpflanzengarten

Wie ich zu den Kräutern kam

1993 begann ich im sonnenverwöhnten Südbaden mit dem biologischen Heilkräuteranbau und gründete die „La Luna Kräutermanufaktur". Mein Interesse an Heilpflanzen wurde allerdings schon viele Jahre zuvor geweckt: Bereits als Jugendlicher infizierte mich der „Heilkräuter-Virus" und seither hat mich diese Leidenschaft nicht mehr losgelassen.
Alles begann mit einer ziemlich unliebsamen Tätigkeit im landwirtschaftlichen Betrieb meiner Eltern: dem Hacken der so genannten „Unkräuter". Es war eine ständig wiederkehrende Sisyphusarbeit, denn die Unkräuter waren wachstumsfreudiger und vitaler als das Kulturgemüse. Und gerade diese Vitalität weckte mein Interesse. Leider konnten mir meine Eltern wenig über die lästigen Ackerunkräuter erzählen; außer Löwenzahn und Disteln war kaum etwas bekannt. So machte ich mich anhand der wenigen im Buchladen auffindbaren Bestimmungsbücher selbst sachkundig. Ich entdeckte, dass die meisten Unkräuter nutzbar waren. Es handelte sich häufig um Heilkräuter und Wildgemüse. Sofort begann ich die Äcker und Wiesen meiner Umgebung zu durchforsten. Eine neue Welt tat sich auf, mein Blick war nun überwiegend auf den Boden gerichtet. Bei Spaziergängen war von nun an kein forsches Vorankommen mehr möglich, weil überall neue Pflanzen erkannt werden wollten.
Ich begann Tee zu sammeln und zu trocknen, versorgte den Bekanntenkreis bei Husten und Fieber mit Spitz-Wegerich und Holunder. In meinem Zimmer häuften sich Dosen mit immer neuen Heilkräuterschätzen. Am meisten faszinierten mich zunächst die Wildkräuter, die sich zum Kochen eigneten. Ausgerüstet mit dem „Feld-, Wald- und Wiesenkochbuch" von Eve Marie Helm entdeckte ich, dass Löwenzahnknospen nach Rosenkohl schmecken, Vogelmiere an Maiskölbchen erinnert und junge Brennnesseltriebe jeden Gartenspinat in den Schatten stellen können.
Nach meinem Auszug aus dem Elternhaus sammelte ich, geprägt von Anti-Atomkraft-Bewegung und Aussteiger-Szene, wertvolle Erfahrungen in biologischen Selbstversorger-Gärten. Südländische Kräuter, wie Rosmarin, Salbei und Thymian, weckten nun mein Interesse. Die sonnenhungrigen Gartengäste wurden auf Steinmauern gepflanzt, damit sie sich wohlfühlten. Ich war fasziniert von ihren kräftigen Düften, die sich leider nicht in den damals käuflichen Gewürzen wiederfanden.

Kräuterkundig werden

Bald entdeckte ich, dass Kräuter nicht nur die Aspekte Botanik, Heilkunde, Küche und Gartenbau berührten, sondern dass ihnen spannende Geschichten entlockt werden konnten. Türöffner hierfür war das 1984 erschienene Buch „Medizin der Erde" von Susanne Fischer-Rizzi. Die Kulturgeschichte der Heilkräuter ist so alt wie die Menschheitsgeschichte; bis in die Steinzeit lässt sie sich zurückverfolgen. In Mythologien und Göttergeschichten wird ihre Kraft beschrieben. Zauber-, Gift- und Liebestränke beschäftigten die Menschen bis in die Neuzeit. Das Kräuterbrauchtum begleitete das landwirtschaftliche Jahr. Vieles davon, wie das Kräuterbüschelbinden an Maria Himmelfahrt, hat sich bis heute gehalten.
Mit diesen Geschichten aus der Vergangenheit wurde mein Kräuterwissen „runder". Ein wichtiges „Puzzleteil" für eine ganzheitliche Kräuterkunde war eingefügt.
1984 gründete ich einen der ersten Bioläden der Region. Leider gab es damals noch keine biologischen Kräutertees. Als dann die ersten Biotees auf den Markt kamen, war ich maßlos enttäuscht: Aussehen, Farbe, Duft

Die Blütenernte gehört zu den schönsten Beschäftigungen in der Kräutermanufaktur.

und Geschmack waren nicht viel besser als bei den konventionellen Kräutern. Wie war das möglich? Dass es besser gehen konnte, wusste ich ja von den eigenen Sammelerfahrungen. Es wurde mir klar, dass nur mit Handarbeit gute Kräuterqualitäten möglich sind. Bei der maschinellen Ernte und Verarbeitung werden die Kräuter geschnitten, gequetscht und zerbröselt, wobei die wertvollen Heil- und Duftstoffe verloren gehen.

Die ersten Tees, die meinen Vorstellungen weitgehend entsprachen, kamen aus Österreich von der im Mühlviertel angesiedelten Bergkräuter-Genossenschaft. In dieser abgelegenen Region entschlossen sich 1986 Bergbauern zur Selbsthilfe: Der Anbau und Verkauf von Kräutern sollte ihre bedrohten Betriebe absichern. Die oftmals nur manuell mögliche Feldbewirtschaftung erforderte viele Arbeitsstunden. Aber diese

Die meisten Heilpflanzen sind zugleich wunderschöne Blütenpflanzen, die mit ihrem wilden Charme einen Garten verzaubern können.

in Handarbeit produzierten Kräuter zeichneten sich durch eine hohe Qualität aus. Ich besuchte diese Betriebe, besichtigte Felder und Trocknungsanlagen. Von diesem Moment an keimte und reifte der Gedanke, selbst Kräuteranbau zu betreiben. Die Vision, hochqualitative Kräutertees voller Farbe und Duft herzustellen und zu vermarkten, war geboren.

Die ersten „La Luna"-Tees

Dann war es soweit: 1993 begann ich auf kleiner Fläche mit ersten Experimenten. Der Bio-Anbau war für mich unverzichtbare Voraussetzung für die Arbeit mit Heilkräutern. Denn was heilsam sein soll, darf nicht mit Giften in Berührung kommen. Ich wurde Mitglied im Demeter-Verband. Die biodynamische Methode unter der Einbeziehung kosmischer Energien faszinierte mich schon seit vielen Jahren. Die ersten selbst hergestellten Kräutertees wurden im eigenen Bioladen angeboten und fanden sofort begeisterte Liebhaber. 1997 wagte ich den Verkauf meines Bioladens und machte meine Kräuter-Leidenschaft endgültig zum Beruf. In den folgenden Jahren nahm ich viele Teekräuter in Kultur und versuchte, sie als Gartenpflanzen kennen zu lernen. Ich sammelte Erfahrungen mit ihrem Erntezeitpunkt, mit ihren Ansprüchen an den Boden, mit ihren Krankheiten und Schädlingen sowie mit ihren Trocknungseigenschaften. Der Kräutertee soll einen höchstmöglichen Gehalt an Aromastoffen und Wirkstoffen haben. Farben und Düfte sollen so gut wie möglich erhalten bleiben. Dabei spielt der richtige Erntezeitpunkt eine entscheidende Rolle. Ebenso, wie Erdbeeren erst zu einem ganz bestimmten Zeitpunkt ihr volles Aroma entfalten, enthalten auch Heilpflanzen zu einem bestimmten Zeitpunkt den optimalen Gehalt an Wirkstoffen. Aber nicht nur der Erntezeitpunkt entscheidet über die Aroma-Entwicklung der Kräuter; schon beim Düngen und der Pflege von Kräutern kann man auf deren Qualität einwirken. Das nötige Wissen für Anbau und Ernte möchte ich Ihnen in diesem Buch vermitteln. Hier erfahren Sie, wie man mit einfachen Mitteln Heiltees und Gewürze von außergewöhnlicher Qualität produzieren kann.

In den 18 Jahren Kräuterteeanbau entwickelte sich für mich eine neue Dimension der Kräuterwelt. Obwohl ich des Öfteren als „wandelndes Kräuterlexikon" tituliert wurde, lernte ich Tag für Tag Neues aus der faszinierenden Welt der Heilkräuter kennen. Neben den vielen praktischen Erfahrungen brachte der tägliche Umgang mit den Kräutern einen weiteren Aspekt: die Erkenntnis, dass Pflanzen nicht nur Produktionsgüter sind, die uns bei Krankheiten helfen oder unseren Gaumen befriedigen. Sie sind Lebewesen mit Ausstrahlung und Charakter. Und sie benötigen wie alle Lebewesen Achtung und Respekt. Genau genommen verdanken wir ihnen unser Dasein; sie schenken uns die Luft zum Atmen, sind Nahrungsgrundlage, Heilmittel, Baustoffe, Düfte und Farben.
Dieses Buch soll Sie in die wunderbare Welt des Heilkräutergärtnerns entführen und dazu verführen, mit Kräutern zu arbeiten.

Der Schwerpunkt meiner Arbeit mit Heilpflanzen liegt darin, Tee sorgfältig mit Hand und Herz herzustellen.

Ich bin sehr froh und dankbar, dass meine Familie die Begeisterung für Heilpflanzen mit mir teilt.

Heilkraft in Töpfen & Beeten

Viele Kräuter sind nicht nur gut für Gaumen und Gesundheit, sondern auch ungemein attraktiv und schmücken mit Blüten und Blattwerk Terrassen und Balkone. Eine andere schöne Idee sind Kräuterbeete mit einem „Motto". Hier geht es um die Heilwirkung der Kräuter, die man gestalterisch fantasievoll umsetzen kann.

Aroma auf Balkon und Terrasse

Nicht jeder ist glücklicher Besitzer eines Kräutergartens. Dies wäre zwar ein guter Grund, sich Kräuter in Töpfe zu pflanzen, aber sicher nicht der einzige. Ich selbst habe im Sommer einige Tausend Kräuter auf den Feldern – trotzdem ist die Terrasse bevölkert mit duftenden Pflanzen in Töpfen. Ich genieße gerne den Duft von Rosmarin, Lavendel und Zitronenverbene direkt beim Sitzplatz oder unmittelbar neben dem Liegestuhl. Das verbreitet ein wunderbares Urlaubsflair. Die würzigen Aromen des Südens können wir auf der Terrasse nicht nur schnuppern, wir haben sie auch gleich zur Hand für eine Kanne mit frischem Tee oder für die Küche.

Nichts ist unmöglich in der Aromawelt der Kräuter

Sie können fast alle Kräuter und Heilpflanzen problemlos in Töpfen kultivieren. Ausnahmen sind Gewächse, die einen enormen Wurzelraum beanspruchen. Diese können sich in Gefäßen nicht richtig entfalten. Dazu gehören Alant, Eibisch, Engelwurz, Enzian, Liebstöckel, Meerrettich und Königskerze. Topfkräuter gedeihen zwar nicht so üppig

Vor allem Basilikum, Minze, Schnittlauch und Petersilie sind nur wenige Schritte von der Küchentür entfernt.

Frostempfindliche Kräuter, wie die Zitronenverbene, müssen ohnehin in Kübeln gehalten werden.

Auch neben meiner Terrasse reihen sich Kübel mit stattlichen Duftpflanzen. Wer sie berührt, setzt Aromen frei: Ananas-, Guaven-, Zitronen-, Minzen- und Schokoladendüfte.

wie ihre Artgenossen im Gartenboden, aber bei richtiger Pflege können sie zu stattlicher Größe heranwachsen.

Ich habe in der Kräutermanufaktur einige Kübel mit Zitronenverbenen und Minzverbenen, die schon über zehn Jahre alt sind und weit über 2 m in die Höhe reichen.

Im Großen und Ganzen gelten für Kräuter in Pflanzgefäßen die gleichen Standort- und Pflegeansprüche wie für Gartenkräuter. Dies wird ab Seite 30 dieses Buches ausführlich beschrieben.

Mit Töpfen gestalten

Die Gestaltung von Terrasse und Balkon beginnt mit der Wahl der Pflanzgefäße. Sie sind zusätzliche Gestaltungsmittel, da sie mit Material, Form und Farbe das Flair beeinflussen. Neben den klassischen Tontöpfen gibt es eine Vielzahl von Pflanzbehältern. Rustikale Weidenkörbe können Sie mit Folie auslegen und direkt bepflanzen. Alte Fässer, Holz- oder Steintröge verbreiten ländlichen Charme.

Dekorative Terrakotta-Gefäße erinnern an den Italienurlaub.

Auch Kunststofftöpfe gibt es inzwischen im Terrakotta-Design. Sie sind auf den ersten Blick kaum als Plastikimitationen erkennbar.

Mit Ampeln, Blumenkästen und „Hanging Baskets“ kann der Topfgarten nach oben hin ausgeweitet werden. Sie eignen sich vor allem für hängende Arten wie Kapuzinerkresse, Gundermann oder spezielle Thymian-Arten.

In südlichen Ländern stehen die Kräuter oft in bunt bedruckten Olivenölkanistern vor der Haustür. Also experimentieren Sie einfach einmal!

Der passende Topf

Schwarze Plastiktöpfchen aus dem Gartenhandel sind den Kräutern zu eng, außerdem erhitzen sie sich in der Sonne sehr stark, wodurch die Wurzeln geschädigt werden. Deshalb topfen Sie die Kräuter gleich nach

Zum Anziehen der Kräuterschätze sind Töpfe ebenfalls gut geeignet; auf der Terrasse oder dem Fensterbrett haben Sie sie immer im Blick.

dem Kauf in größere Behälter um. Wählen Sie beim Umtopfen möglichst große Gefäße, damit die Wurzeln sich gut ausbreiten können.

Alle Materialien haben Vor- und Nachteile:

- Tontöpfe sind frostempfindlich und schwer. Sie sind durchlässig für Luft und Wasserdampf. Deshalb trocknet die Erde schneller aus, es muss öfter gegossen werden. Allerdings lassen sie kaum Staunässe zu, da überschüssige Feuchtigkeit verdampfen kann.
- Terrakottagefäße sind im Gegensatz zu Tongefäßen stärker gebrannt, weshalb sie meist frostfest sind. Allerdings sind sie auch recht schwer, teuer und nicht bruchsicher.
- Kunststoffgefäße sind leicht, preiswert, frostsicher und halten gut die Feuchtigkeit. Bei unsachgemäßem Gießen besteht die Gefahr der Staunässe. Außerdem besitzen sie durch das fehlende Eigengewicht weniger Standfestigkeit. Bei großen Kübeln macht sich das fehlende Gewicht aber positiv bemerkbar, da das Transportieren der Pflanzen sehr viel einfacher wird. Sehr schön finde ich die Terrakotta-Imitationen aus Kunststoff, die meist auch eine stabile Wandung besitzen – aber das ist Geschmackssache.
- Holztröge und Körbe verbreiten zwar rustikal-natürliches Flair, sind jedoch nässeempfindlich und verwittern leicht.
- Steintröge sind hingegen sehr langlebig, aber extrem schwer. Um sie zu bewegen, sollten Sie eine Sackkarre im Haus haben.

Wählen Sie für Ihre Kräuter möglichst große Töpfe, damit die Wurzeln viel Platz haben und vor Überhitzung geschützt sind. Probleme in der Wurzelzone sind die häufigste Ursache für Krankheiten und Schädlinge bei Topfpflanzen. Vor allem Läuse profitieren von „wurzelgestressten" Pflanzen. Kleinen Kräutern, wie Thymian, genügt ein Wurzelraum von 20 cm. Größere Stauden, wie Melisse oder Schafgarbe, sollten mindestens 40 cm Wurzeltiefe zur Verfügung haben. Große, bis 2 m hohe Pflanzen benötigen Gefäße, die mindestens 50 cm hoch sind und einen ebenso großen Durchmesser haben.

Die Wasserabzugslöcher im Boden sollten Sie mit Tonscherben aus zerbrochenen Blumentöpfen vor dem Zusetzen schützen.

Ob auf der Terrasse oder mitten im Garten: Nicht nur an die Kräuterpflege denken, sondern einfach nur mal schnuppern und genießen.

Ganz wichtig ist, dass der Topf eine gute Wasserabzugsmöglichkeit besitzt. Notfalls müssen Sie selbst Löcher in den Topfboden bohren. Staunässe ist für Kräuter tödlich, denn die Wurzeln beginnen zu faulen. Deshalb legen Sie auf den Boden des Gefäßes eine 3–4 cm hohe Dränageschicht aus Tonscherben, Kies oder Blähton, damit überschüssiges Wasser abfließen kann. Auf die Dränageschicht wird dann die Erde gefüllt.

Das richtige Substrat

Der Gartenbesitzer kann das Pech haben, dass seine Böden schwer und tonhaltig sind. Mit solchen Problemen muss sich der Topfgärtner nicht herumschlagen. Er wählt für seine Kräuter genau das Substrat, das sie benötigen. Substrate sind fertig gemischte Erden, die auf die verschiedenen Ansprüche zugeschnitten sind. Achten Sie bei Ihrer Spezialerde für Kräuter darauf, dass mit organischen Zusätzen gedüngt wurde. Es ist aus ökologischen Gründen sinnvoll, Substrate ohne Torf auszuwählen. Meist enthalten sie Rindenhumus als Torfersatz. Sie können sich aber auch selbst ein Substrat zusammenstellen: Je ein Drittel Sand, Gartenerde sowie Kompost oder Rindenhumus ergeben ein kräuterfreundliche Mischung. Bei der Substratauswahl müssen Sie die Ansprüche der Kräuter an Nährstoffe und pH-Wert berücksichtigen. Verwenden Sie dazu die Übersichten der Seiten 35 und 43. Nährstoffbedürftige Kräuter bekommen noch etwas Langzeitdünger (z.B. Hornspäne) mit in den Topf, Kräuter der mageren Standorte bekommen

Während frostempfindliche Arten ins kühle Treppenhaus umziehen, können frostharte Arten in Töpfen mit geeignetem Winterschutz auch draußen bleiben.

etwas mehr Sand. Den pH-Wert der Substrate können Sie mit Kalk alkalisch und mit Rindenhumus sauer werden lassen. Auf den käuflichen Spezialerden ist der pH-Wert immer angegeben.

Der optimale Standort

Der Standort der Töpfe wird ebenfalls nach den Vorlieben der Kräuter ausgesucht: Manche mögen warme, sonnige Plätze, andere fühlen sich im Halbschatten wohler. In den Zusammenstellungen auf Seite 31 und 32 finden Sie Anhaltspunkte für die Lichtbedürfnisse.

Falls Sie mehrere Kräuter in einem Gefäß zusammensetzen, dann sollten Sie diese so auswählen, dass sie hinsichtlich Licht, Wasser und Nährstoffversorgung gleiche Ansprüche haben. Zwar müssen Kräuter in Gefäßen zwangsläufig etwas enger zusammenstehen als im Garten, aber trotzdem sollte ein gewisser Pflanzabstand eingehalten werden. Große Pflanzen sollten in Töpfen mit weniger als 40 cm Durchmesser unbedingt alleine stehen.

Regelmäßig düngen

Im Gegensatz zum Garten benötigen Kräuter in Töpfen mehr Nährstoffe, denn die Wurzeln sitzen in einem begrenzten Raum und können keine neuen Nährstoffquellen erschließen. Fertige Substrate sind meist mit Langzeitdünger versorgt, bei selbstgemischter Erde fügt man einen organischen Dünger zu. In der ersten Zeit nach der Pflanzung ist keine zusätzliche Düngung nötig. Nach sechs Wochen geben Sie ein bis zwei Mal im Monat einen flüssigen Biodünger ins Gießwasser, allerdings nur in der Wachstumsphase von März bis August. Alle zwei bis drei Jahre werden die Kräuter im Frühjahr in etwas größere Gefäße umgetopft und mit neuer Erde versorgt. Der neue Topf sollte mindestens 5 cm mehr Durchmesser besitzen als sein Vorgänger.

Wasser zum Gedeihen

Das „Exil“ in Töpfen verlangt den Kräutern sehr viel ab. Den Wurzeln steht nur relativ wenig Erde zur Verfügung. Außerdem ist die Wurzelzone extremen Temperatur- und Feuchtigkeitsschwankungen ausgesetzt. Frisch gegossen stehen sie zunächst einmal ziemlich nass. In der Mittagssonne trocknet die Erde sehr schnell aus und der Topf erwärmt sich. Deshalb müssen Sie die Feuchtigkeit täglich kontrollieren und morgens oder abends mit abgestandenem Wasser gießen.
Beim Gießen ist auch der Kalkgehalt des Leitungswassers zu beachten, denn es gibt einige kalkmeidende Kräuter. Regenwasser ist hierbei eine gute Alternative zum Leitungswasser. Wer Bequemlichkeit und Unabhängigkeit liebt, kann sich über Blumenkästen mit Wasserreservoir oder automatische Bewässerungssysteme informieren.
Topfpflanzen sprechen sehr gut auf Mulch an. Die Wurzeln werden dadurch vor Überhitzung geschützt und die Verdunstung wird eingeschränkt.

Schädlinge biologisch abwehren

Topfpflanzen sind aufgrund des extremen Standortes etwas anfälliger gegenüber Schädlingen und Krankheiten. Vor allem Läuse, Spinnmilben und Weiße Fliegen können zur Gefahr werden. Auf Balkon und Terrasse können wir schließlich nicht erwarten, dass sich das biologische Gleichgewicht einstellt und genügend Nützlinge vorhanden sind. Für Heilpflanzen und Würzkräuter kommt selbstverständlich nur biologischer Pflanzenschutz in Frage. Nutzen Sie zur Bekämpfung die Hinweise auf Seite 62 ff.

Frostempfindliche Kräuter, etwa Zitronengras, Lorbeer oder der hier gezeigte Ananas-Salbei, werden im Haus an einem kühlen, hellen Platz überwintert.

Warme Decken im Winter

Die Kräutertöpfe werden an einer geschützten Stelle zusammengerückt. Ziemlich unempfindlich sind die einziehenden Kräuter, die im Wurzelstock überwintern, also Stauden. Dazu gehören beispielweise Zitronen-Melisse und Johanniskraut. Bei teilweise verholzenden, immergrünen Kräutern, etwa Salbei oder Lavendel, muss man die Erde vor dem

Gestatten: Zitronengras

Zitronengras (*Cymbopogon citratus*) ist eine mehrjährige, nicht winterharte Pflanze aus Ostasien. Es ist ein wichtiger Bestandteil der thailändischen Küche. Zitronengras ergibt frisch oder getrocknet einen leckeren, nach Zitrone duftenden Tee, der verdauungsfördernd und krampflösend wirkt. Geerntet werden die Halme ganzjährig, wobei sich in den warmen Sommermonaten die meisten Duftstoffe entwickeln. Für die Küche werden nur die Blattbasen verwendet. Bei guter Pflege kann Zitronengras 1,20 m hoch wachsen.

Die Pflanze wird in Töpfen gezogen und sollte einen sonnigen Standort bekommen. Sie benötigt nährstoffreiche, durchlässige Erde, ist aber sehr empfindlich gegen Staunässe. Bei längeren Regenperioden muss sie deshalb unter das Dach. Vermehrt wird durch Teilung des Wurzelstockes. Im Winter kommt das frostempfindliche Gras ins Haus, wo es an einem kühlen, hellen Platz (10 °C) auf den Frühling wartet. Ähnliche Eigenschaften besitzt das Zitronellagras (*Cymbopogon nardus*), das sich ebenfalls sehr gut in Töpfen ziehen lässt. Der Geschmack ist etwas schärfer und es besitzt eine süßliche Note.

Durchfrieren schützen, damit sie nicht vertrocknen. Deshalb müssen Töpfe und Kübel gedämmt werden. Man kann sie auf isolierende Unterlagen stellen (z.B. Styropor), in Noppenfolie packen oder mit alten Decken umhüllen. Sie können sie auch in Säcke oder eine Kiste stellen, die Sie mit Stroh, Laub, Holzspänen oder -wolle auspolstern. Immergrüne Kräuter können zusätzlich mit einem Vlies bedeckt werden. Achten Sie beim Frostschutz auch auf die Frostfestigkeit der Gefäße; vor allem offenporige Tongefäße können reißen. An frostfreien Tagen werden die Kräuter etwas gegossen.

Empfindliche gehören ins Haus

Ideal zur Überwinterung ist der kühle Wintergarten, das ungeheizte Treppenhaus oder ein Gewächshaus, das sich bei Bedarf frostfrei halten lässt.

Der Wasserbedarf im Winterquartier ist gering. Je heller und wärmer der Standort, desto häufiger müssen Sie gießen. Ideale Temperaturen liegen zwischen 5 und 10 °C. Je wärmer der Überwinterungsstandort, desto heller muss er sein. Lediglich laubabwerfende Kräuter können auch dunkel überwintern.

Einige Kräuter mögen es im Winterquartier etwas wärmer, weshalb sie auch ganzjährig als Zimmerpflanzen gehalten werden können. Dazu gehören Aloe, Aztekisches Süßkraut, Basilikum, Kardamom, Kurkuma, Patchouli und Zitronellagras.

Wenn die Pflanzen im Frühling wieder nach draußen kommen, dürfen sie zunächst nicht direkt in die Sonne gestellt werden. Sie laufen Gefahr, einen kräftigen Sonnenbrand zu bekommen und möglicherweise alle Blätter zu verlieren. Deshalb werden sie einige Tage im Schatten akklimatisiert.

Heilende Gärten anlegen

Für die Neuanlage eines Heilkräutergartens müssen Sie sich zunächst über Größe, Stil und Form Gedanken machen. Nehmen Sie sich ruhig Zeit zum „Herumspinnen". Denken Sie aber immer daran, wie viel Platz Sie zur Verfügung haben.
Für die Planung, Gestaltung und Bepflanzung gibt es viele Konzepte und Ideen. Die Anlage des Gartens kann beispielsweise ein bestimmtes Thema verfolgen, das dann durch entsprechende Gestaltung umgesetzt wird: Klostergarten, Apothekergarten, Hexengarten, Duftgarten, Gewürzgarten, Blütengarten oder Bauerngarten. Eine andere Möglichkeit ist die Orientierung an bestimmten Formen und Entwürfen. Dazu gehören z.B. runde Beete (Kräuterrondell, Kräuterrad) oder die beliebte Kräuterspirale. Kräutermauern und Steingärten verbreiten mediterranes Flair und Urlaubsstimmung.

Hier sieht man eine Abwandlung der klassischen Beeteinteilung mit einem Wegekreuz. Ein weiteres Element, das wir aus Klostergärten kennen, sind Einfassungen mit Buchs.

Wirkungsvolle Kräuterbeete

Eine schöne Idee für die Bepflanzung ist die Einteilung der einzelnen Beete nach Themen. Für einen Heilkräutergarten liegt es nahe, sich an der medizinischen Wirkung der Kräuter zu orientieren. So könnten die Beete beispielsweise unter den Stichworten „Husten" oder „Nerven" bepflanzt werden. Konkrete Pflanzvorschläge finden Sie ab Seite 22.
Nachfolgend möchte ich Ihnen einige Anregungen dazu geben. Berücksichtigt habe ich dabei nur Pflanzen, die problemlos in unseren Gärten gedeihen.

Husten: Dost (Oregano), Eibisch, Fenchel, Huflattich, Klatsch-Mohn, Königskerze, Lungenkraut, Malve, Quendel, Schlüsselblume, Spitz-Wegerich, Thymian, Veilchen, Ysop.

Bestimmte Pflanzen und Elemente zaubern sofort Bauerngartencharme in Ihren Garten. Hier ist es ein Weidenobelisk mit Kapuzinerkresse, Borretsch, Ringelblumen und Petersilie.

Da für jedes Wehwehchen eine Vielzahl von wunderschön blühenden Heilkräutern zur Verfügung steht, haben Sie die Möglichkeit zur Gestaltung farbenfroher Beete.

Harnwege: Acker-Schachtelhalm, Alant, Bärentraube, Brennnessel, Brunnenkresse, Cranberry, Goldrute, Heidekraut, Kapuzinerkresse, Liebstöckel, Löwenzahn, Meerrettich, Petersilie, Preiselbeere.

Menstruation: Beifuß, Frauenmantel, Gänse-Fingerkraut, Kamille, Schafgarbe, Taubnessel, Zitronen-Melisse.

Nerven: Baldrian, Hopfen, Johanniskraut, Kalifornischer Mohn, Kamille, Lavendel, Zitronen-Melisse, Zitronenverbene.

Magen und Darm: Anis, Basilikum, Beifuß, Enzian, Fenchel, Kamille, Kümmel, Lavendel, Pfefferminze, Ringelblume, Schafgarbe, Tausendgüldenkraut, Wermut, Zitronen-Melisse.

Die Bepflanzung geschieht in bunter Reihenkultur, so dass sich auf einem Beet mehrere Pflanzen zusammenfinden. Sollte Ihnen die Reihenkultur zu akkurat vorkommen, können Sie die Beete natürlich auch „wild" bepflanzen. Achten Sie dann darauf, dass von den kleineren Pflanzen immer mehrere inselartig zusammenstehen. Kräuter, die sich für die Direktsaat eignen, werden dazu horstartig ausgesät und bei zu dichtem Stand ausgedünnt. Hochwachsende Kräuter, etwa Engelwurz oder Liebstöckel, rücken als Kulisse dahinter, damit die kleineren Kräuter besser zur Geltung kommen.
Vergessen Sie nicht, dass neben der direkten medizinischen Wirkung der Pflanzen auch Wirkungen auf einer anderen Ebene möglich sind. So können beispielsweise Blütenfarben Empfindungen auslösen und Reaktionen hervorrufen. Sie können also eine fröhlich stimmende gelbe Sonnenblume ins Themenbeet gegen nervöse Beschwerden pflanzen, auch wenn die medizinische Wirkung damit nicht direkt unterstützt wird. Ausführliche Informationen zu den Farbwirkungen finden Sie ab der Seite 93.

Zusammen wächst, was zusammengehört

Bei der Pflanzenauswahl sollten Sie darauf achten, dass nur Kräuter zusammenkommen, die auch zueinander passen. Neben der Heilwirkung sollten sie die gleichen Ansprüche bezüglich Bodenfeuchtigkeit, Sonneneinstrahlung, Düngung und pH-Wert haben. Wenn Sie sich beispielsweise für ein Beet mit dem Thema „Harnwegserkrankungen" die

Bärentraube ausgesucht haben, dann muss sie mit Pflanzen kombiniert werden, die ebenfalls einen sauren Boden (pH-Wert 5,5) benötigen: Cranberry, Heidekraut oder Preiselbeere. Alle drei sind wie die Bärentraube durch ihre antibakterielle Wirkung wirksam bei Harnwegsinfektionen. Bei unterschiedlichen Ansprüchen muss die Gärtnerhand moderat nachhelfen, wobei hier maximal zwei Pflanzengruppen mit jeweils ähnlichen Wachstumsbedingungen zusammengepflanzt werden sollten.

Nachfolgend möchte ich Ihnen drei Beetbepflanzungen nach medizinischen Themen vorstellen.

Auch Gartenwege bieten Gestaltungsspielraum: Kies und Naturstein passen gut in mediterrane Gärten.

Stöbern Sie in Gartenzeitschriften, Gartenbüchern und lassen Sie sich beim Besuch schön angelegter Kräutergärten inspirieren. So finden Sie Ihre Traumgestaltung.

Kräuterbeet gegen Husten

In diesem Beet stehen fünf verschiedene Kräuter, die in ihrer Kombination sowohl auswurffördernd als auch reizlindernd wirken. Sie können daraus eine vorzügliche Hustentee-Mischung herstellen. Die Teemischung kann durch die Zugabe von Lindenblüten noch verbessert werden. Das ausführliche Rezept finden Sie auf Seite 94.

Königskerze, Thymian und Dost sind kalkliebend und bevorzugen sonnige, trockene, nährstoffarme Standorte. Sie bekommen in das Pflanzloch etwas Algenkalk, aber keinen Dünger. Spitz-Wegerich und Malve lieben nährstoffreichere Standorte und werden deshalb mit Kompost versorgt. Diese beiden sollten auch regelmäßig gegossen werden. Mit Dost, Thymian und Malve haben wir drei Mischkulturpflanzen im Beet, die wachstumsfördernd und ertragssteigernd wirken. Außerdem ergänzen sich die Tiefwurzler Malve und Königskerze sehr gut mit den flachwurzelnden Partnern. Malve und Königskerze müssen im Folgejahr wieder neu gepflanzt werden. Im Sinne des Fruchtwechsels tauschen sie dann ihre Plätze. Dost, Spitz-Wegerich und Thymian können drei bis vier Jahre am selben Standort bleiben.

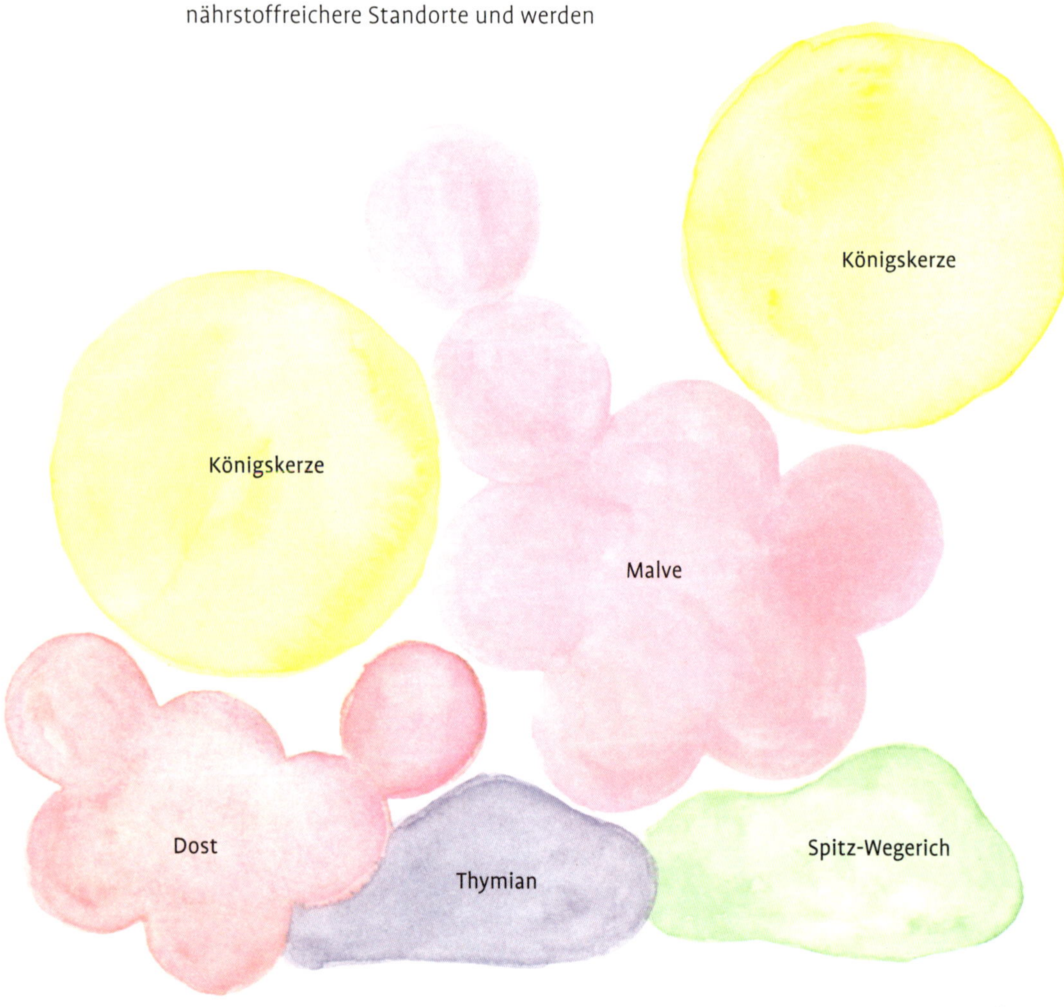

Kräuterbeet gegen Husten

Der **Spitz-Wegerich** (*Plantago lanceolata*) ist eine der besten Hustenpflanzen. Er wirkt reizlindernd und hustenhemmend. Außerdem besitzt er antibakterielle Wirkstoffe. Die Blätter werden vorsichtig ohne Druck geerntet, damit sie sich beim Trocknen nicht schwarz verfärben. Ausführliche Hinweise finden Sie auf Seite 136.

Die **Königskerze** (*Verbascum densiflorum*) enthält in ihren Blüten sowohl reizlindernde als auch hustenlösende Wirkstoffe. Die imposante Pflanze blüht erst im zweiten Jahr. Damit sie zusammen mit den anderen Pflanzen des Beetes geerntet werden kann, muss sie schon im Vorjahr herangezogen werden. Ausführliche Hinweise finden Sie auf Seite 126.

Dost oder **Oregano** (*Origanum vulgare*) ergibt einen wohlschmeckenden Hustentee mit krampflösenden Eigenschaften. Während der Blüte im Sommer lockt er viele Schmetterlinge in den Garten. Das ist auch die optimale Erntezeit. Ausführliche Hinweise finden Sie auf Seite 120.

Die **Malve** (*Malva sylvestris*) enthält in ihren Blüten und Blättern Wirkstoffe mit reizlindernden Eigenschaften. Nutzen Sie die dunkelblütige Mauretanische Malve (*M. sylvestris* subsp. *mauretanica*). Die heilsamen Blüten zaubern im Teeaufguss ein wunderschönes Farbenspiel. Ausführliche Hinweise finden Sie auf Seite 129.

Thymian (*Thymus vulgaris*) enthält hustenlösende und antibakterielle Stoffe. Er zählt zu den wirkungsstärksten Hustenpflanzen. Die meisten Heilstoffe bilden sich zu Blühbeginn, weshalb genau dann geerntet wird. An nährstoffarmen, sonnigen Standorten entwickelt es besonders viele Wirkstoffe. Ausführliche Hinweise finden Sie auf Seite 137.

Kräuterbeet für die Abwehrkräfte

Bei diesem Pflanzvorschlag stehen fünf Kräuter beisammen, die in ihrer Kombination die Immunabwehr unterstützen und eine antibiotische Wirkung besitzen. Da sie vor allem im frischen Zustand sehr wirksam sind, werden sie nicht getrocknet. Sie können daraus eine Frischpflanzen-Tinktur für die Hausapotheke herstellen. Diese Tinktur stärkt die natürlichen Abwehrkräfte und mildert akute Infekte. Das ausführliche Rezept finden Sie auf Seite 99.

Thymian und Knoblauch mögen sonnige, eher trockene Standorte. Auch bezüglich der Düngung haben sie keine hohen Ansprüche. Wasserdost, Roter Schein-Sonnenhut (besser bekannt unter dem Namen Roter Sonnenhut oder Echinacea) und Kapuzinerkresse benötigen eine gute Feuchtigkeitsversorgung, weshalb sie regelmäßig gegossen werden. Die nährstoffbedürftigen Pflanzen Roter Schein-Sonnenhut und Wasserdost bekommen außerdem eine Portion Kompost oder Rizinusschrot ins Pflanzloch. Die Knoblauchzehen werden einfach innerhalb der Reihen zwischen die anderen Kräuter gesteckt. Dadurch werden diese vor Pilzkrankheiten geschützt. Roter Schein-Sonnenhut, Thymian und Wasserdost sind mehrjährig und winterfest. Sie bleiben drei bis vier Jahre am Standort.

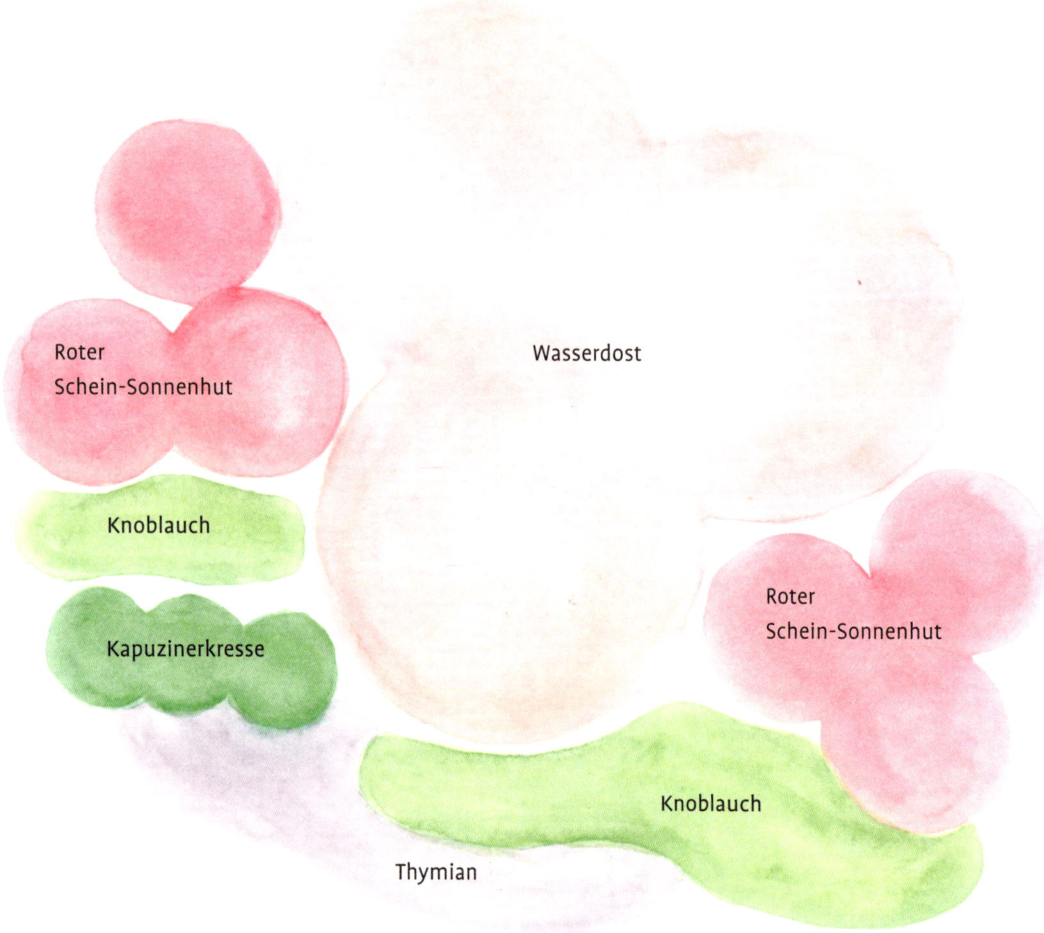

Kräuterbeet für die Abwehrkräfte

Roter Schein-Sonnenhut (*Echinacea purpurea*) steigert die körpereigenen Abwehrkräfte. Als ob er uns dies anzeigen wollte, besitzt er einen wehrhaften Igelkopf. Geerntet wird das blühende Kraut im Sommer, wenn der Hauptblütenstand voll erblüht ist. Ausführliche Hinweise finden Sie auf Seite 135.

Thymian (*Thymus vulgaris*) unterstützt bei Erkältungskrankheiten die Abwehrkräfte durch seine antibiotischen Wirkstoffe. Er ist die ideale Teepflanze bei Erkältungskrankheiten – besonders dann, wenn sie von einem hartnäckigen Husten begleitet sind. Ausführliche Hinweise finden Sie auf Seite 137.

Wasserdost wird wegen seiner immunstimulierenden Wirkung gerne als heimischer Sonnenhut bezeichnet. Wir nutzen allerdings nicht die heimische Art (*Eupatorium cannabium*), die bei hoher Dosierung leberschädigend wirken kann, sondern die unbedenkliche nordamerikanische Variante *E. perfoliatum* (Foto). Geerntet wird das blühende Kraut.

Kapuzinerkresse (*Tropaeolum majus*) verzaubert durch ihre exotisch anmutenden Blüten. Da sie frostempfindlich ist, wird sie erst ab Mai ausgesät. Die Samen des Dunkelkeimers werden 2 cm tief in die Erde gelegt. Wegen ihrer antibiotischen Wirkung wird sie bei grippalen Infekten sehr geschätzt.

Knoblauch (*Allium sativum*) ist nicht nur ein unentbehrliches Küchengewürz. Er besitzt auch entzündungs- und keimhemmende Eigenschaften. Er wirkt gegen Bakterien, Viren und Pilze. Ausführliche Hinweise finden Sie auf Seite 58.

Das Beet für die Frau

Ins Frauenbeet pflanzen wir vier Kräuter, die hormonregulierend, menstruationsregulierend und krampflösend wirken. Deshalb eignet sich ein Tee daraus vorzüglich bei schmerzhafter Regelblutung. Die Teemischung kann durch die Zugabe von Rosenblüten noch abgerundet werden. Das ausführliche Rezept des Frauen-Wohlfühltees finden Sie auf Seite 95.

Die ausgewählten Frauenkräuter fühlen sich in normaler Gartenerde mit einem pH-Wert zwischen 6 und 7 wohl. Zitronen-Melisse und Frauenmantel stehen zusammen in der Reihe, da beide humusreichen, feuchten Boden mögen. Sie bekommen eine ordentliche Kompostgabe ins Pflanzloch und werden regelmäßig gegossen. Schafgarbe und Kamille müssen nicht gedüngt werden, sie bevorzugen nährstoffarme und weniger feuchte Standorte. Falls Sie die Pflanzen selbst heranziehen, sollten Sie beachten, dass Zitronen-Melisse, Kamille und Schafgarbe Lichtkeimer sind. Kamille und Schafgarbe sind vorzügliche Mischkulturpflanzen; sie begünstigen Gesundheit und Wachstum ihrer Partner und fördern das Bodenleben. Die mehrjährigen Pflanzen verbleiben drei bis vier Jahre im Beet, während die Kamille im Rahmen des Fruchtwechsels mit Gänse-Fingerkraut getauscht wird.

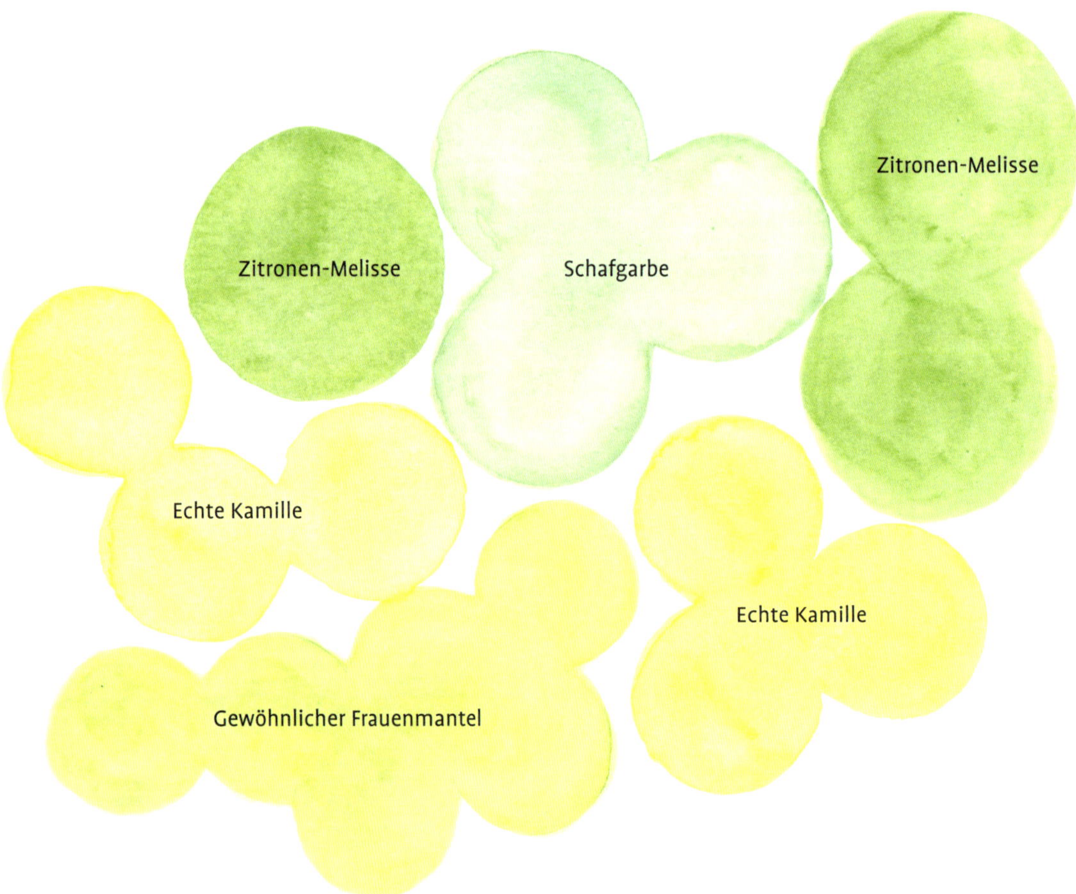

Kräuterbeet für die Frau

Die mehrjährige **Schafgarbe** (*Achillea millefolium*) ist eine geschätzte Heilpflanze. Sie wird wegen ihrer krampflösenden und menstruationsregulierenden Wirkung ins Frauenbeet gesetzt. Schafgarbe besitzt langlebige Blüten und eignet sich deshalb sehr gut für Kräutersträuße. Im Gartenbeet freut sie sich über eine kleine Kalkgabe mit Algenkalk. Ausführliche Hinweise finden Sie auf Seite 134.

Die einjährige **Kamille** (*Matricaria recutita*) ist eine der bekanntesten Heilpflanzen. Aufgrund ihrer krampflösenden und beruhigenden Wirkung gehört sie unbedingt in den Frauen-Wohlfühltee. Im Gartenbeet fördert sie die Gesundheit ihrer Nachbarpflanzen. Dies war schon in der Antike bekannt, wo man sie „Arzt der Pflanzen" nannte. Ausführliche Hinweise finden Sie auf Seite 125.

Der mehrjährige **Frauenmantel** (*Alchemilla xanthochlora*) wird wie keine andere Heilpflanze mit weiblicher Gesundheit in Verbindung gebracht. Wegen seiner regulierenden Wirkung hat er sich bei Menstruationsbeschwerden bewährt. Mit Mulch verhindern Sie, dass die bodennahen Blätter verschmutzen. Ausführliche Hinweise finden Sie auf Seite 122.

Die mehrjährige **Zitronen-Melisse** (*Melissa officinalis*) kommt ursprünglich aus dem Mittelmeerraum. Sie entspannt, beruhigt, entkrampft und stärkt die Nerven. Der Tee ist nicht nur heilsam, sondern auch sehr schmackhaft. Ernten Sie unbedingt vor der Blüte, denn danach verliert sie ihr zitroniges Aroma. Der Neuaustrieb kann ein zweites Mal geerntet werden. Ausführliche Hinweise finden Sie auf Seite 138.

Kost & Logis für Kräuter

Wenn Sie sich Heilpflanzen in den Garten holen, dann wollen Sie natürlich, dass sie sich gesund entwickeln und möglichst viele heilsame Wirkstoffe produzieren. Dort, wo sich die Kräuter wohlfühlen, entfalten sie ihren vollen Duft und ihr typisches Aroma. Beginnen Sie deshalb mit der richtigen Standortwahl.

Ein Wohlfühlplatz für Kräuter

Die Ansprüche der Kräuter an Boden, Bodenfeuchtigkeit und Licht sind teilweise sehr unterschiedlich. Ein guter Anhaltspunkt, um die Standortbedürfnisse der zukünftigen Gartenbewohner kennen zu lernen, ist der natürliche Lebensraum der Kräuter. Wo wächst das Kraut im Wildvorkommen? Ist der Platz sonnig oder schattig, feucht oder trocken, nährstoffreich oder mager, sauer oder alkalisch?

Sonnenkinder

Ein wichtiges Standortkriterium bei Kräutern ist die Lichteinstrahlung. Viele Gartenkräuter stammen ursprünglich aus dem sonnigen Süden und gedeihen am besten auf Flächen mit viel Wärme und starker Lichtintensität. Ideale Standorte für die sonnenhungrigen Kräuter sind deshalb Kräutermauern, Kräuterspiralen und Steingärten in bester Südlage.

Steine zwischen den Kräutern sehen nicht nur schön aus, sie haben auch den Vorteil, dass sie tagsüber die Sonnenwärme speichern und nachts langsam wieder abgeben.

Kräuter für sonnige Standorte und eher trockenen, durchlässigen Boden:

Beifuß (*Artemisia vulgaris*)
Bohnenkraut (*Satureja hortensis*, S. 119)
Dost / Oregano (*Origanum vulgare*, S. 120)
Indianernessel (*Monarda didyma*, S. 123)
Johanniskraut (*Hypericum perforatum*, S. 124)
Kamille (*Matricaria recutita*, S. 125)
Königskerze (*Verbascum densiflorum*, S. 126)
Lavendel (*Lavandula angustifolia*, S.128)
Majoran (*Origanum majorana*)
Quendel (*Thymus pulegioides*, S. 137)
Rosmarin (*Rosmarinus officinalis*, S. 132)
Salbei (*Salvia officinalis*, S. 133)
Schafgarbe (*Achillea millefolium*, S. 134)
Thymian (*Thymus vulgaris*, S. 137)
Wermut (*Artemisia absinthium*)
Ysop (*Hyssopus officinalis*)

Kräuter für sonnige Standorte und etwas feuchteren, durchlässigen Boden:

Anis-Ysop (*Agastache foeniculum*, S. 116)
Basilikum (*Ocimum basilicum*, S. 118)
Malve (*Malva sylvestris*, S. 129)
Ringelblume (*Calendula officinalis*, S. 131)
Zitronen-Melisse (*Melissa officinalis*, S. 138)

Am besten eignen sich unbeschattete Standorte, die bis zu acht Stunden pro Tag von der Sonne beschienen werden. Hier fühlen sich die Sonnenanbeter wohl und bedanken sich mit gesundem Wachstum und duftendem Erntegut. An schattigen Plätzen würden sie kränkeln und wenig Aroma entwickeln. Sonnenanbeter bevorzugen meist auch trockene, durchlässige Böden. Staunässe vertragen sie gar nicht.

Pflanzen aus dem Mittelmeerraum, wie der Rosmarin, erkennen Sie häufig an ihrer gedrungenen Wuchsform und den kleinen, derben Blättern.

Niemand mag im Schatten stehen

Es gibt jedoch einige Arten, die an schattigeren Plätzen besser gedeihen. In der prallen Sonne würden ihre zarten Blätter zuviel Wasser verdunsten. Echte Schattenpflanzen gibt es allerdings nicht. Keine Pflanze kann ohne Licht leben. Pflanzen sind „Lichtesser". Auch die so genannten Schattenpflanzen benötigen das Sonnenlicht für die Fotosynthese. Hierbei produziert die Pflanze mit Hilfe der Sonne aus Wasser und Kohlendioxid Nährstoffe, die dann teilweise in die von uns genutzten Heilstoffe umgewandelt werden. Deshalb können im Schatten stehende Pflanzen keine optimale Wirkstoffentwicklung haben.

Baldrian verbreitet einen wild-romantischen Charme in Ihrem Garten. Säen Sie ihn an halbschattigen, feuchten Standorten aus.

Für die Schattenpflanzen ist eigentlich der Halbschatten ein idealer Standort. Ein halbschattiges Beet ist einen Teil des Tages, etwa vier bis fünf Stunden, besonnt und liegt die restliche Zeit im Schatten. Oder es hat den ganzen Tag diffuses Licht, das beispielsweise durch die Kronen von Bäumen fällt. Nachmittagssonne wird wegen der stärkeren UV-Strahlung nicht so vertragen wie Morgensonne. Insofern ähneln die Halbschattenkräuter uns Menschen, da wir die Sonnenstrahlung unter einem Sonnenschirm auch besser verkraften. Und wie auch wir beim Sonnenbad einen kühlen Drink nicht missen wollen, benötigt die Halbschattenpflanze eine gute Feuchtigkeitsversorgung im Wurzelbereich.

Halbschattenpflanzen fühlen sich auch in der Sonne wohl, aber nur bei genügend Feuchtigkeit.

Kräuter für halbschattige Standorte und eher feuchten, mittelschweren Boden:

Baldrian (*Valeriana officinalis*, S. 45)
Bärentraube (*Arctostaphylos uva-ursi*)
Bärlauch (*Allium ursinum*, S. 117)
Beinwell (*Symphytum officinale*)
Engelwurz (*Angelica archangelica*)
Estragon (*Artemisia dracunculus*)
Frauenmantel (*Alchemilla xanthochlora*, S. 122)
Heidelbeere (*Vaccinium myrtillus*)
Huflattich (*Tussilago farfara*)
Liebstöckel (*Levisticum officinale*, S. 51)
Lungenkraut (*Pulmonaria officinale*)
Meerrettich (*Amoracia rusticana*)
Minzen (*Mentha* spec., S. 130)
Preiselbeere (*Vaccicinium vitis-idaea*)
Schlüsselblume (*Primula elatior*)
Schnittlauch (*Allium schoenoprasum*)
Schöllkraut (*Chelidonium majus*)
Süßdolde (*Myrrhis odorata*)
Veilchen (*Viola odorata*)
Waldmeister (*Galium odoratum*)
Wasserdost (*Eupatorium cannabinum*)

Der Boden – eine gute Grundlage

Die Qualität der Kräuter und ihrer Inhaltsstoffe wird nicht nur vom Licht, sondern auch durch den Boden bestimmt, in den sie gepflanzt werden. Manche Kräuter lieben mageren, kalkhaltigen Boden, andere gedeihen besonders gut in humusreichen Böden. Sie können schon Vieles erkennen, wenn Sie die Erde in Ihrem Garten genau betrachten, zwischen den Fingern befühlen und zerkrümeln. Zerfällt die Erde leicht zu weichen Krümeln und hat eine dunkle Farbe, dann haben Sie den idealen Gartenboden, einen humusreichen Lehmboden. Lehmboden ist zwar formbar, aber er wird rissig und bricht leicht. Dieser Boden kann Wärme, Wasser, Luft und Nährstoffe gut speichern. Er wird als „mittlerer Boden" bezeichnet.
Ein Boden mit hohem Sandanteil lässt sich nicht formen, zerfällt in der Hand und fühlt sich rau und sandig an. Solche Böden werden „leichte Böden" genannt.
Ist der Boden mit der Hand gut knetbar und formbar, ohne auseinander zu brechen, handelt es sich um einen Boden mit hohem Tonanteil. Er lässt sich fast zu Streichholzdicke ausrollen. Diesen Boden nennt man „schweren Boden".

„Therapien" für Ihren Boden

Schwere Böden sind für Kräuteranbau kaum geeignet. Bei Trockenheit werden sie hart und platzen auf. Bei Regen klebt der Ton zusammen und es bilden sich Pfützen. Solche Böden neigen zur Verdichtung und Staunässe und erwärmen sich im Frühjahr nur sehr langsam. Die wenigsten Heilkräuter lieben dies.

- Schwere Böden sollte man im Spätherbst spatentief umgraben, damit der Frost tief in den Boden gelangt und ihn auflockert (Frostgare).
- Feiner Sand, Lavagranulat und Steinmehl sorgen für bessere Durchlüftung der oberen Schichten.
- Kompost, Mulch und verrottete Rinden sorgen für einen höheren Humusgehalt.
- Tiefwurzelnde Gründüngungspflanzen lockern den Untergrund.

Leichte, sandige Böden haben einen geringen Nährstoffgehalt und Wasser versickert rasch. Allerdings erwärmen sie sich schnell, sind gut durchlüftet und lassen sich leicht bearbeiten.

Dunkle Farbe und krümelige Struktur weisen auf einen guten Gartenboden hin.

Viele mediterrane Kräuter, die trockene und nährstoffarme Standorte bevorzugen, fühlen sich in diesen Böden heimisch. Kräuter, die nährstoffreichere und feuchtere Standorte favorisieren, etwa Minzen, finden hier nicht die besten Bedingungen.

- Durch regelmäßige Zufuhr organischer Materialien (Kompost, Mulch, Stalldung, Gründünger) lässt sich der Humusanteil leichter Böden erhöhen.
- Mit Tonmehl (Bentonit) und Gesteinsmehl wird die Bindigkeit des Sandbodens verbessert.

Kompost erhöht den Humusanteil Ihres Bodens und macht ihn so fruchtbarer. Ein eigener Komposthaufen ist also Gold wert.

Wertvoller Humus

Boden besteht nicht nur aus Mineralien, sondern auch aus organischer Substanz. Das sind lebendige oder abgestorbene Bodentiere, Mikroorganismen und unterschiedlich stark zersetzte Pflanzenteile.

Die 25 cm starke Humusschicht ist ein lebendiger Organismus, in dem es vor sicht- und unsichtbaren Lebewesen nur so wimmelt. Diese bauen abgestorbene Pflanzenreste ab und wandeln sie in pflanzenverfügbare Nährstoffe um. Außerdem lockern sie den Boden.

Als eine Art Gesundheitspolizei verdrängen sie schädliche Pilze und Bakterien. Deshalb müssen wir diese wertvolle Schicht sorgsam ernähren, pflegen und erhalten. Das geschieht am besten durch Düngen mit organischem Material und durch Bedecken der Erde mit einer Mulchschicht (siehe Seite 39). Denn für das Bodenleben gilt die Devise: Keine Arbeit ohne Futter!

Sauer, neutral oder alkalisch?

Der pH-Wert wird auf der pH-Skala gemessen, die von 1 bis 14 reicht. Der Wert 7 gilt als neutral, was darüber liegt ist alkalisch, was darunter liegt gilt als sauer. Die meisten Gartenpflanzen bevorzugen einen pH-Wert zwischen 6 und 7. Manche Heilkräuter haben jedoch Sonderwünsche. Wenn wir auf diese eingehen wollen, müssen wir den pH-Wert nach ihren Vorlieben verändern. Den pH-Wert können Sie mit im Gartenfachhandel erhältlichen Teststreifen selbst überprüfen.

Viele Kräuter, vor allem die mediterranen, lieben einen alkalischen pH-Wert von 6,5–7,5. Mit Kalk lässt sich der pH-Wert des Bodens erhöhen, denn er bindet die Säuren im Boden. Die Kalkdüngung hat auch den Vorteil, dass von den Pflanzen weniger Schwermetalle aus dem Boden gelöst werden. Johanniskraut,

Ein gutes Beispiel für abgestimmte Standortansprüche: eine Kräuterspirale mit kalkliebenden Pflanzen.

Im Bio-Anbau werden als Kalk-Dünger häufig Algenkalk, Holzasche und Gesteinsmehl verwendet.

Heilpflanzen für kalkhaltige Böden (pH-Wert 7–7,5):

Andorn (*Marrubium vulgare*)
Berg-Bohnenkraut (*Satureja montana*)
Bergminze (*Calamintha* spec.)
Dill (*Anethum graveolens*)
Dost (*Origanum vulgare*, S. 120)
Fenchel (*Foeniculum vulgare*, S. 121)
Huflattich (*Tussilago farfara*)
Johanniskraut (*Hypericum perforatum*, S. 124)
Königskerze (*Verbascum densiflorum*, S. 126)
Lavendel (*Lavandula angustifolia*, S. 128)
Lungenkraut (*Pulmonaria officinalis*)
Majoran (*Origanum majorana*)
Oregano (*Origanum onites*, S. 120)
Rose (*Rosa* spec.)
Rosmarin (*Rosmarinus officinalis*, S. 132)
Salbei (*Salvia officinalis*, S. 133)
Schlüsselblume (*Primula veris*)
Thymian (*Thymus vulgaris*, S. 137)
Ysop (*Hyssopus officinalis*)

Heilpflanzen für saure Böden (pH-Wert von 5–5,5):

Berg-Arnika (*Arnica montana*, S. 36)
Bärentraube (*Arctostaphylos uva-ursi*)
Bärwurz (*Meum athamanticum*)
Blutwurz (*Potentilla erecta*)
Engelwurz (*Angelica archangelica*)
Heidekraut (*Calluna vulgaris*)
Heidelbeere (*Vaccinium myrtillus*)
Polei-Minze (*Mentha pulegium*)
Preiselbeere (*Vaccicinium vitis-idaea*)
Rosenwurz (*Rhodiola rosea*)
Sauer-Ampfer (*Rumex acetosa*)
Silber-Frauenmantel (*Alchemilla alpina*, S. 122)
Sonnentau (*Drosera rotundifolia*)
Wacholder (*Juniperus communis*)
Wald-Ehrenpreis (*Veronica officinalis*)
Waldmeister (*Galium odoratum*)

Gestatten: Arnika

Arnika ist eine seltene Heilpflanze, die in vielen Regionen unter Naturschutz steht. Eine Tinktur aus ihren Blüten ist sehr hilfreich bei Zerrungen, Prellungen und rheumatischen Beschwerden. Ihre dottergelben Korbblüten machen sie zu einem Blickfang für den Kräutergarten. Die Blütenköpfchen werden von Mai bis Juli um die Mittagszeit gepflückt.
Es werden zwei Arten zu Heilzwecken eingesetzt: die in Mitteleuropa heimische Berg-Arnika (*Arnica montana*) und die nordamerikanische Wiesen-Arnika (*Arnica chamissonis*). Beide Arten sind mehrjährig und winterhart. Die alpine Berg-Arnika ist jedoch eine sehr anspruchsvolle Gartenpflanze. Sie gedeiht nur in Beeten mit saurem Boden (pH-Wert 5). Gegossen wird deshalb möglichst mit kalkarmem Regenwasser. Der Samen keimt nur, wenn er nicht älter als ein Jahr ist. Der Lichtkeimer wird im Frühjahr in Saatkisten vorgezogen und dabei nur angedrückt. Ausgepflanzt benötig Arnika einen sonnigen Standort und wasserdurchlässigen Boden. Eine starke Düngung verträgt sie gar nicht. Die amerikanische Art ist dagegen problemlos zu ziehen. Sie gedeiht prächtig in normalen Gartenböden. In der Naturheilkunde gilt sie im Vergleich zur Berg-Arnika als weniger wirksam.

Schafgarbe und Leinsamen sind beispielsweise dafür bekannt, dass sie die giftigen Schwermetalle anreichern. Um einen normalen Gartenboden für kalkliebende Kräuter attraktiv zu machen, müssen Sie etwa 100 g / m² Algenkalk ausstreuen.
Die Kalkdüngung sollte nie zusammen mit der Stickstoffdüngung ausgebracht werden, sonst kommt es zu erheblichen Nährstoffverlusten. In die Praxis umgesetzt heißt das: Kalkdüngung im Herbst, Stickstoffdüngung im Frühjahr.
Manche mögen Saures: Baldrian, Spitz-Wegerich, Minzen und Weidenröschen fühlen sich bei einem schwach sauren pH-Wert um 6 besonders wohl. Dann gibt es auch Pflanzen, die es richtig sauer wollen, etwa Heidelbeeren. Sie bevorzugen einen pH-Wert von 5–5,5; ein Wert, in dem die wenigsten Gartenpflanzen gedeihen können. Um solchen Pflanzen einen guten Platz zu bieten, müssen die Beete mit Nadel-, Laub- oder Rindenkompost versorgt werden. Auch mit Spezialerden für Moorbeetpflanzen lässt sich der pH-Wert der Gartenerde absenken.
Auf dem Steingartenbeet finden sich Pflanzen, die sonnige, trockene und magere Standorte mögen und gleichzeitig kalkreiche Böden bevorzugen: Berg-Bohnenkraut, Lavendel, Rosmarin, Salbei, Thymian und Ysop. In einem „sauren Beet“ könnten sehr gut Arnika und Silber-Frauenmantel zusammengepflanzt werden. Sie passen auch sonst gut zusammen, denn beide mögen sonnige, nährstoffarme Standorte.
Anhand dieses Wissens können Kräuter auf Beeten zusammengefasst werden, die einen ähnlichen pH-Wert wünschen. Die Angaben können Sie den beiden Kästen der Seite 35 entnehmen. Kräuter, die dort nicht aufgeführt sind, fühlen sich in ganz normaler Gartenerde wohl.

Schafgarbe ist ein Hinweis auf kalkhaltigen Boden.

Was „Zeigerpflanzen“ erzählen

Frühjahr 1993 – ich schaute mir die Garten- und Ackerflächen der zukünftigen „La Luna Kräutermanufaktur“ an. Ein Teil des Gartens war dicht überwuchert mit Giersch und Kriechendem Hahnenfuß. Ich erkannte, dass meine Kräuter es auf diesem Boden zunächst schwer haben würden. Dank dieser zwei Unkräuter war keine Bodenanalyse nötig, um etwas über seine Beschaffenheit zu erfahren. Sie weisen auf einen schweren, zu Staunässe neigenden Boden hin.

Gartenunkräuter sind sozusagen die natürliche Vegetation eines Standortes. Viele dieser Pflänzchen können uns wertvolle Hinweise über die Eigenschaften des Bodens geben. Deshalb nennt man sie auch „Zeigerpflanzen“. Sie geben Hinweise über Bodenstruktur und Bearbeitungsfehler, Wasser- und Humusgehalt, Stickstoff- und Kalkzustand. Als „Zeigerpflanzen“ kann man sie jedoch nur zu Rate ziehen, wenn sie sich zahlreich auf den Beeten ausbreiten. Eine einzelne Vogelmiere im Garten sagt noch nichts über den Boden aus. Hat sie sich aber in großer Menge breit gemacht, zusammen mit Gänsefuß oder Franzosenkraut, dann besitzen Sie humusreiche und lockere Gartenerde. Wir können uns also über die oft als lästig beschimpften Gartenwildkräuter freuen, denn sie geben uns Tipps und weisen auf Kulturfehler hin!

Was wächst denn da?

Schwerer, verdichteter, zu Staunässe neigender Boden: Acker-Schachtelhalm, Acker-Minze, Binsen, Beinwell, Breit-Wegerich, Gänse-Fingerkraut, Huflattich, Kriechender Hahnenfuß, Mädesüß, Quecke, Sauer-Ampfer, Scharbockskraut, Vogel- und Wiesen-Knöterich.

Lockerer, humusreicher Boden: Bingelkraut, Franzosenkraut, Melde, Persischer Ehrenpreis, Vogelmiere, Weißer Gänsefuß.

Stickstoffreicher Boden: Acker-Kratzdistel, Bärenklau, Bingelkraut, Brennnessel, Franzosenkraut, Giersch, Guter Heinrich, Hirtentäschel, Hühnerhirse, Melde, Kreuzkraut, Knoblauchsrauke, Kletten-Labkraut, Kohl-Gänsedistel, Krauser Ampfer, Löwenzahn, Persischer Ehrenpreis, Ross-Minze, Schwarzer Nachtschatten, Scharfer Hahnenfuß, Taubnessel, Vogelmiere.

Nährstoffarmer Boden: Augentrost, Blutwurz, Dost, Echtes Labkraut, Echter Steinklee, Gänseblümchen, Ginster, Großer Klappertopf, Hauhechel, Hundskamille, Leinkraut, Kanadisches Berufkraut, Kleines Habichtskraut, Pimpinelle, Quendel, Wiesen-Margerite, Wilde Möhre, Wundklee.

Alkalischer Boden (kalkhaltig): Acker-Gauchheil, Acker-Winde, Huflattich, Klatsch-Mohn, Löwenzahn, Natternkopf, Odermennig, Pimpinelle, Schafgarbe (Foto), Storchenschnabel, Wegwarte, Wiesen-Salbei, Wundklee.

Saurer Boden (kalkarm): Acker-Minze, Acker-Ziest, Acker-Hohlzahn, Bärwurz, Gänseblümchen, Heidekraut, Hundskamille, Sauer-Ampfer, Stiefmütterchen.

Für mich persönlich heißt Mulchen auch weniger Arbeit. Unter der Mulchschicht trocknet der Boden nämlich nicht so schnell aus und ich kann die Gießkanne auch mal im Schuppen lassen.

Schutz und Nahrung für die Erde

Das Vorbild des Mulchens liefert die Natur, wo es – außer an Extremstandorten – praktisch keine nackte Erde gibt. Die Natur ist stets bestrebt, den fruchtbaren Boden mit einer schützenden Vegetation zu überziehen.

Mulchen: so wird 's gemacht

Das Mulchmaterial sollte kleingehäckselt sein, damit es sich besser um die Pflanzen herum verteilen lässt und leichter verrottet. Der Boden bleibt ganzjährig mit einer 3–5 cm hohen Mulchschicht bedeckt, die immer wieder nachgefüllt wird, sobald sie verrottet ist. Frisches, saftiges Material wird nur dünn aufgetragen, möglichst an einem sonnigen Tag. Nach dem Welken kann eine weitere Schicht folgen. Für Aussaat und Pflanzung können Sie die Mulchschicht einfach etwas beiseite schieben. Sind die Pflanzen größer, kann wieder direkt an die Pflanzen gemulcht werden. In der Ruhephase von Herbst bis Frühjahr darf die Mulchschicht auf den Beeten auch dicker sein.

Das Mulchen bringt uns im Vergleich zur herkömmlichen Bodenpflege eine Reihe unglaublicher Vorteile:

- Der Mulch wird von zahlreichen Lebewesen langsam zu wertvollem Humus zersetzt. Dadurch muss weniger gedüngt werden und die Bodenfruchtbarkeit verbessert sich erheblich. Auch die Regenwürmer werden gefördert und als Gegenleistung durchwühlen und lockern sie uns den Boden.
- Durch die Bedeckung wird die Erde vor großer Hitze und Kälte geschützt, aber auch vor starkem Wind und Regengüssen. Die Erde bleibt unter der Mulchschicht locker und feucht, ohne zu verkrusten.

Mulch breite ich nur auf frisch hergerichteten, unkrautfreien Beeten aus.

- Die bodennahen Kräuter bleiben sauber, weil sie bei Regen nicht von hochspritzender Erde beschmutzt werden.
- Ein positiver Nebeneffekt des Mulchens ist die verminderte Krankheitsanfälligkeit, denn im lockeren, luftigen Boden gibt es weniger Pilzkrankheiten. Auch Schädlinge, z.B. Erdflöhe, werden durch Mulch vertrieben.

Eines der Zauberworte für den biologischen Kräutergarten heißt Mulchen. Ich bin ein begeisterter Anhänger dieser Methode, denn sie schützt den Boden.

Mit Mulchen bleiben dem Gärtner und der Gärtnerin mehr Zeit für die Hängematte!

- Gießen wird auf ein Minimum reduziert, denn unter der Mulchschicht hält sich die Bodenfeuchtigkeit außergewöhnlich lange.
- Der größte Vorteil des Mulchens liegt jedoch im Unterdrücken der Garten-Wildkräuter. Hacken und Jäten entfällt; die wenigen Wildkräuter, die sich trotzdem durch die Schicht kämpfen, können leicht ausgezupft werden.

Kleine Mulchkunde

Im biologischen Kräuteranbau sollten nur organische Materialien zum Mulchen verwendet werden. Aber nicht alle sind uneingeschränkt zu empfehlen:

- **Stroh** ist ein sehr gutes Mulchmaterial, vor allem wenn es kleingehäckselt wurde. Es ist hilfreich, dem Strohmulch etwas organischen Stickstoffdünger unterzumischen, damit die Zersetzung beschleunigt wird. Man rechnet etwa 50 g Hornspäne oder Rizinusschrot auf 1 m² Strohmulch. Das Übergießen mit einer Jauche aus Brennnessel ist ebenfalls eine bewährte Methode.
- **Wiesen- und Rasenschnitt** sind die besten Mulchmaterialien für Kräuter. Abgemähte Gründüngung und gejätete Wildkräuter eignen sich ebenfalls vorzüglich. Frisches Material wird nur dünn aufgetragen, um Fäulnis zu verhindern. Beim Wiesenschnitt sollten Sie darauf achten, dass nicht zu viele Pflanzen geblüht haben, sonst werden ihre Samen in den Garten eingeschleppt.
- **Rindenmulch** ist wegen der wachstumshemmenden Gerbstoffe und dem ungünstigen pH-Wert für den Kräuteranbau ungeeignet. Besser ist der daraus gewonnene Rindenhumus, das ist kompostierter Rindenmulch. Durch die Kompostierung werden die wachstumshemmenden Stoffe beseitigt. Kräuter, die saure Böden lieben, können damit problemlos versorgt werden. Für andere Kräuter müssen Sie aufkalken.
- **Laub** ist nicht generell ungeeignet, so kann man z.B. das Laub von Obstgehölzen sehr gut als Beimischung verwenden. Das Laub von Holunder, Eiche, Walnuss, Kastanie und Nadelgehölzen muss wegen der wachstumshemmenden Stoffe zunächst kompostiert werden.
- **Lavagranulat** ist nicht nur hilfreich gegen Bodenverdichtungen, sondern es eignet sich sehr gut als wärmespeichernde Mulchschicht für südländische Pflanzen auf Kräutermauern und in Pflanzkübeln.

Probleme beim Mulchen

Die Mulchschicht fördert allerdings nicht nur die nützlichen Organismen, sie kann auch unerwünschte Gartenbesucher anlocken. In schneckenreichen Gärten ist feuchter Mulch ein ideales Biotop für die schleimigen Feinschmecker. Deshalb sollte in gefährdeten Gärten nur mit trockenem Material gemulcht werden. Mulch aus Stroh und Sägespänen mögen Schnecken nicht so gerne. Auch Wühlmäuse können durch dicke Mulchschichten angelockt werden. In diesem Fall sollten Sie unbedingt dünner mulchen.

Unter der Mulchschicht bleibt der Boden locker. Den Spaten benötige ich meist nur noch zum Pflanzen.

Leichte Kost für Kräuter

Die Pflänzchen für meinen ersten Küchenkräuter-Garten erstand ich in einem Gartencenter. Spezialisierte Kräutergärtnereien gab es damals noch nicht. Thymian, Rosmarin, Basilikum und Bohnenkraut wanderten in den Einkaufswagen. Die Pflänzchen strotzten vor Fülle, die Blätter waren groß und prall. Die Farbe der Thymianblätter schillerte intensiv bläulich grün. Insgeheim war ich schon etwas irritiert, denn so üppig kannte ich diese Pflanzen nicht. Bei meinen Reisen durch südliche Länder hatte ich sie mit kleinen derben Blättern und unvergleichlichem Duft kennengelernt. Duft konnte ich den eher weichen Blättern jedoch kaum entlocken. Am Morgen nach der Pflanzung kam die nächste Überraschung. Thymian und Basilikum waren übersät von Schnecken, die fleißig die Blätter niederraspelten. Der Grund dafür lag in der Überversorgung mit Stickstoff. Die Kräuter saßen in gut genährter Erde und waren dementsprechend aufgeputscht – ein Massenzuwachs auf Kosten des Aromas und der Widerstandskraft gegen Schädlinge.

Bei Blütenpflanzen wie der Malve hat eine hohe Stickstoffversorgung einen negativen Einfluss auf die Blütenbildung, weil die Triebkraft in die Blätter statt in die Blüten geht.

Was fehlt dem Boden?

Im Garten benötigen wir eine Düngung, weil wir durch das Ernten dem Nährstoffkreislauf etwas entnehmen. Allerdings sind Gartenböden selten so ausgelaugt, dass intensiv gedüngt werden müsste. Meist sind sie sogar mit Nährstoffen überversorgt. Um die im Boden verfügbaren Nährstoffe richtig beurteilen zu können, empfehle ich eine Bodenanalyse. Dadurch können Sie feststellen, ob die Nährstoffversorgung für den Kräuteranbau ausreichend oder gar zu hoch ist. Mehr dazu finden Sie im Serviceteil Seite 146.

Nur wenig Stickstoff!

Kräuter sind meist Wildpflanzen ohne züchterische Bearbeitung und können deshalb Bodennährstoffe gut aufschließen. Im Gegensatz zum züchterisch bearbeiteten Gemüse handelt es sich bei den Kräutern um so genannte „Schwachzehrer", die eher nährstoffarme Standorte mögen. Natürlich gibt es auch Ausnahmen, die eine etwas stärkere Düngung benötigen, um genügend Heilstoffe zu produzieren. Den Zusammenstellungen können Sie entnehmen, wie der Nährstoffbedarf der verschiedenen Heilkräuter ist. Kräuter sollten Sie einmalig im Frühjahr

Falls Sie das Glück haben und einen gut versorgten Gartenboden besitzen, dann brauchen Sie Schwachzehrer wie Salbei gar nicht zu düngen.

Die starkwüchsige Indianernessel ist immer hungrig und benötigt einen gut mit Nährstoffen versorgten Gartenboden.

Schwachzehrende Kräuter

Andorn (*Marrubium vulgare*)
Berg-Bohnenkraut (*Satureja montana*, S. 119)
Bergminze (*Calamintha* spec.)
Blutwurz (*Potentilla erecta*)
Dost (*Origanum vulgare*, S. 120)
Kalifornischer Mohn (*Eschscholzia californica*)
Kamille (*Matricaria recutita*, S. 125)
Kornblume (*Centaurea cyanus*, S. 127)
Lavendel (*Lavandula angustifolia*, S. 128)
Quendel (*Thymus pulegioides*, S. 137)
Ringelblume (*Calendula officinalis*, S. 131)
Rose (*Rosa* spec.)
Rosmarin (*Rosmarinus officinalis*, S. 132)
Salbei (*Salvia officinalis*, S. 133)
Schafgarbe (*Achillea millefolium*, S. 134)
Schlüsselblume (*Primula veris*)
Silber-Frauenmantel (*Alchemilla alpina*, S. 122)
Thymian (*Thymus vulgaris*, S. 137)
Ysop (*Hyssopus officinalis*)
Zitronen-Thymian (*Thymus × citriodorus*, S. 137)

Starkzehrende Kräuter

Alant (*Inula helenium*)
Baldrian (*Valeriana officinalis*, S. 45)
Bärlauch (*Allium ursinum*, S. 117)
Basilikum (*Ocimum basilicum*, S. 118)
Beifuß (*Artemisia vulgaris*)
Beinwell (*Symphytum officinale*)
Eibisch (*Althaea officinalis*)
Engelwurz (*Angelica archangelica*)
Fenchel (*Foeniculum vulgare*, S. 121)
Frauenmantel (*Alchemilla xanthochlora*, S. 122)
Hopfen (*Humulus lupulus*)
Indianernessel (*Monarda didyma*, S. 123)
Liebstöckel (*Levisticum officinale*, S. 51)
Malve (*Malva silvestris*, S. 129)
Petersilie (*Petroselium crispum*)
Pfefferminze (*Mentha × piperita*, S. 120)
Roter Schein-Sonnenhut (*Echinacea purpurea*, S. 135)
Schnittlauch (*Allium schoenoprasum*)
Spitz-Wegerich (*Plantago lanceolata*, S. 136)
Stockrose (*Alcea rosea*, S. 64)
Zitronen-Melisse (*Melissa officinalis*, S. 138)

Bei der Bienenweide (*Phacaelia*) ist der Name Programm, neben der positiven Wirkung auf den Boden lockt sie Bienen an. Sie kann ab März auf brachliegende Flächen gesät werden.

düngen. Bei Neupflanzungen geben Sie eine Düngegabe mit ins Pflanzloch. Eine Düngung im Spätsommer oder Herbst lässt junge Triebe sprießen, die so spät keine Winterhärte mehr erreichen können. Dies ist oft der Grund, weshalb viele immergrüne Kräuterstauden (z.B. Rosmarin) den Winter nicht überleben. Im Winter einziehende Kräuter wie Zitronen-Melisse oder Minzen, die mehrmals jährlich geerntet werden, bekommen nach jedem Schnitt eine kleine Düngergabe, um den Neuaustrieb zu unterstützen.

Das bedeutet:
Kraut- und Blattpflanzen benötigen eine stickstoffbetonte Düngung, Wurzelpflanzen eine kalibetonte und Frucht-, Samen- und Blütenpflanzen eine phosphatbetonte Düngung.

Organisch düngen: Klasse statt Masse!

Organische Düngung fördert das Bodenleben und steigert die Bodenfruchtbarkeit. Außerdem können die Pflanzen ihre Qualitätsmerkmale besser ausprägen, denn die Nährstoffe werden langsam und harmonisch freigesetzt. Infolge der milden Düngewirkung treiben die Pflanzen nicht durch und ihr Gewebe lagert kein überschüssiges Wasser ein. Das Resultat sind gesunde, aromareiche Kräuter. Die langsam wirkende organische Düngung steigert nicht nur Blütenreichtum und Gehalt an ätherischen Ölen, sondern auch den Gehalt anderer Pflanzenwirkstoffe.
Die leicht löslichen Kunstdünger schwemmen dagegen die Pflanzen auf; sie entwickeln viel Blattmasse. So steigert man zwar die Erträge, aber die Kräuter verlieren an Aroma- und Heilstoffen!

Kleines Nährstoff-Einmaleins

Wenn in der Gartenliteratur über Düngung geschrieben wird, tauchen meist die vier so genannten „Hauptnährstoffe" auf: Stickstoff, Phosphor, Kalium und Kalzium. Die Hauptnährstoffe sind für das Wachstum der Pflanzen von entscheidender Bedeutung. Es ist hilfreich, über deren Aufgabe im Stoffwechsel der Pflanzen Bescheid zu wissen, denn sie sind in den organischen Düngern in unterschiedlicher Konzentration enthalten.

- Stickstoff für Wachstum und Blattmasse: Hornspäne, Rizinusschrot, Gründünger, Guano, Mist.
- Phosphor für Blüten- und Fruchtbildung: Holzasche, Knochenmehl, Geflügelmist.
- Kalium (Kali) für Wurzel- und Knollenbildung: Holzasche, Steinmehl.
- Kalzium (Kalk) als Baustein für Pflanzeninhaltsstoffe: Algenkalk, Hüttenkalk, Kohlensaurer Kalk.

Dünger frei Haus: Kompost und Gründüngung

Neben den käuflichen organischen Düngemitteln verfügt der Biogärtner über zwei großartige „Selfmade-Dünger": Kompost und Gründünger. Kompost verwandelt die organischen Abfälle von Haus und Garten in humusreiche Erde. Er ist unentbehrlich für den Humusaufbau, für die Krümelstruktur des Bodens und für die Gesundheit der Pflanzen. Bei der Gründüngung werden spezielle Pflanzen ausgesät und später in den Boden eingearbeitet. Gründüngung ist viel mehr als nur Düngung, ihre Stärken liegen in der Lockerung und Belüftung des Bodens durch die Wurzelmasse. Außerdem wird der Boden beschattet und vor Verschlämmung geschützt. Die Gründüngung ist eine lebendige Alternative zum Mulch, der nicht immer in genügender Menge zur Verfügung steht.

Gestatten: Baldrian

Baldrian (*Valeriana officinalis*) ist eine dekorative Staude, die bis zu 1,50 m hoch werden kann. Er ist bekannt für seine entspannende und beruhigende Wirkung. Die Wirkstoffe sitzen in den Wurzeln und diese werden im Oktober geerntet. Nach dem Waschen werden sie bei schonenden Temperaturen getrocknet.

Der pflegeleichte Baldrian ist eine Halbschattenpflanze, die auch gerne sonnig steht. Die winterharte Staude gedeiht am besten in tiefgründigen lockeren Böden, so dass sich die Wurzeln gut entfalten können. Ein schwach saurer Boden mit dem pH-Wert 6 ist ideal. Baldrian benötigt eine gute Feuchtigkeitsversorgung und im Frühjahr eine reichliche Kompostgabe. Durch Holzasche wird das Wurzelwachstum angeregt.

Die Aussaat erfolgt am besten im Sommer, dann kann im Herbst des darauffolgenden Jahres geerntet werden. Als Lichtkeimer wird Baldrian-Samen nicht mit Erde bedeckt, sondern nur gut angedrückt. Der Samen ist nicht lange keimfähig, weshalb er am besten gleich nach der Samenernte im August ausgesät wird. Baldrian ist nicht selbstverträglich, weshalb nach dem Abernten eine fünfjährige Anbaupause eingehalten werden sollte.

Aus eins mach' mehr

Es gibt zwei verschiedene Arten der Pflanzenvermehrung: Die generative Vermehrung (geschlechtliche) durch Samen und die vegetative Vermehrung (ungeschlechtliche) durch Stecklinge oder Teilung der Pflanze.
Bei der **generativen Vermehrung** gleichen sich die Sämlinge einer Art ebenso wenig wie die Kinder eines Menschen-Paares. Die Nachkommen fallen nicht gleichmäßig aus. Manchmal entstehen dabei ganz neue Formen. Aber nicht nur das Aussehen, sondern auch Aroma und Wirkstoffgehalt können bei der generativen Vermehrung schwanken.
Bei der **vegetativen Vermehrung** haben wir im Gegensatz zum Sämling keine „Neuschöpfung". Die neue Pflanze entsteht aus einem Stück der Mutterpflanze, ist also sozusagen ein genetisch völlig identisches Duplikat. Das ist auch der entscheidende Vorteil dieser Methode, denn so können gewünschte Eigenschaften einer Pflanze (z.B. Duft, Wirkstoffgehalt, Blütenfarbe) vollständig erhalten bleiben. Viele Pflanzen, beispielsweise der Hybrid-Lavendel (Lavandin, *Lavandula × intermedia*), lassen sich nur vegetativ vermehren, da sie keine Samen ausbilden.

Die eigene Samenernte

Sie können Kräuter auch aus selbst geerntetem Samen heranziehen. Keimfähiges Saatgut lässt sich nur aus gut ausgereiftem Samen gewinnen. Ernten Sie möglichst bei trockenem Wetter. Anschließend muss der Samen sorgfältig nachgetrocknet werden, damit er nicht zuviel Restfeuchte enthält. Sie können den Samen von auffallenden Einzelpflanzen auswählen, bei denen bestimmte Eigenschaften interessieren. Von manchen Sorten lässt sich kein Samen gewinnen. Dazu gehören die Hybrid-Sorten, etwa von gefüllten Ringelblumen- oder Studentenblumen-Sorten. Sie setzen entweder überhaupt keinen Samen an oder die Nachkommenschaft besitzt ganz andere Merkmale.

Bei den Kräutern gibt es im Vergleich zu den Gemüsearten sehr viele Lichtkeimer. Basilikum gehört z.B. in diese Gruppe.

Aus Samen vermehren

Die Aussaat ist eine preiswerte Methode, um möglichst viele Pflanzen heranzuziehen. Allerdings dauert es bei einigen mehrjährigen Kräuter-Arten recht lange, bis aus dem Samen eine ansehnliche Pflanze entstanden ist. In der Praxis werden deshalb vorrangig die schnellwüchsigen ein- und zweijährigen Kräuter durch Samen vermehrt.

Gestatten: Enzian

Gelber Enzian (*Gentiana lutea*) ist in alpinen Gebieten heimisch. Er steht in vielen Ländern unter Naturschutz, daher sollte er nur im Garten angebaut und geerntet werden. Seine heilkräftigen Wurzeln enthalten sehr viele Bitterstoffe, weshalb er gerne in verdauungsfördernden und appetitanregenden Magenschnäpsen verarbeitet wird. Sie werden im zeitigen Frühjahr vor dem Austrieb geerntet, wenn die meisten Heilstoffe enthalten sind – aber bitte erst ab dem fünften Standjahr.
Der winterharte Enzian ist eine anspruchsvolle Gartenpflanze, die über 60 Jahre alt werden kann. Auf den 1,40 m hohen, gelben Blütenstand muss man vier bis fünf Jahre warten. Sein Platz im Garten sollte sonnig sein, der Boden tiefgründig und schwach sauer. Ein pH-Wert von 6 wäre ideal. Staunässe verträgt er nicht. Der Nährstoffbedarf ist eher gering, eine einmalige Kompostgabe im Frühjahr genügt. Die Wurzelentwicklung wird durch Holzasche begünstigt.
Das Saatgut des Kaltkeimers benötigt eine acht- bis zehnwöchige, feucht-kühle Lagerung, um zur Keimung zu kommen. Das klappt mit der beschriebenen „Kühlschrankmethode" (Seite 49) oder mit der Aussaat im Freien im November. Als Dunkelkeimer muss die Saat mit Erde leicht abgedeckt werden. Das Saatgut sollte nicht älter als zwei Jahre sein.

Kräuter mit besonderen Ansprüchen

Lichtkeimer	Dunkelkeimer	Kaltkeimer
Arnika	Andorn	Augentrost
Baldrian	Anis	Bärlauch
Basilikum	Bärlauch	Bärwurz
Beifuß	Beinwell	Diptam
Bohnenkraut	Borretsch	Engelwurz
Dost	Dill	Enzian
Estragon	Eibisch	Frauenmantel
Johanniskraut	Enzian	Herzgespann
Kamille	Kapuzinerkresse	Lungenkraut
Katzenminze	Koriander	Meisterwurz
Kerbel	Kornblume	Schlüsselblume
Klatsch-Mohn	Liebstöckel	Süßdolde
Königskerze	Lungenkraut	Tausendgüldenkraut
Kümmel	Malve	Veilchen
Majoran	Mariendistel	Wacholder
Nachtkerze	Ringelblume	Waldmeister
Quendel	Sonnenblume	
Schafgarbe	Stockrose	
Tausendgüldenkraut	Süßholz	
Thymian	Veilchen	
Wermut	Waldmeister	
Zitronen-Melisse	Weinraute	

Gekauftes Saatgut sollte möglichst aus biologischem Anbau kommen. In biologischen Züchtungsbetrieben werden robuste Sorten vermehrt. Die Samen sind ungebeizt und frei von gentechnischen Manipulationen. Das Samenangebot, auch von seltenen Arten, nimmt im Fachhandel beständig zu. Im Serviceteil (Seite 145) finden Sie eine Auflistung von biologischen Saatgutbetrieben.

Die Süßdolde ist eine leckere Teepflanze und gehört zu den Kaltkeimern.

Licht als Startschuss

Als Lichtkeimer bezeichnet man Pflanzen, deren Samen zum Keimen Licht benötigen. Ihre Samen dürfen deshalb nicht mit Erde bedeckt werden, sonst ist das Keimergebnis sehr gering. Die Samen werden nur auf die feuchte Aussaaterde gesät und angedrückt, damit sie Erdkontakt bekommen. Das Saatgut von Lichtkeimern ist meist sehr klein.

Keimen im Verborgenen

Die Samen von **Dunkelkeimern** keimen nur in ausreichender Dunkelheit. Sie müssen nach der Aussaat mit feingesiebter Erde abgedeckt werden. Allerdings dürfen sie nicht zu tief in der Erde liegen, sonst schaffen sie es nicht, die Erdschichten zu durchbrechen. Eine Faustregel besagt: Die Samen sollen dreimal so tief in der Erde liegen, wie sie selbst dick sind.

Manche mögen 's kalt

Die Samen der **Kaltkeimer** benötigen eine einige Wochen andauernde Kältephase. Dabei werden keimhemmende Substanzen in der Samenschale abgebaut. Erst mit beginnendem Frühling trauen sich die Keimlinge aus der Schale.

Diese „Kaltstarter" können im Spätherbst (Oktober / November) direkt im Garten ausgesät werden. Alles weitere erledigt die Natur von selbst. Allerdings kann es bei dieser Methode zu größeren Ausfällen kommen, weshalb sie nur geeignet ist, wenn genügend Saatgut vorhanden ist. Starker Frost schadet nicht, solange die Samen nicht keimen. Ab Mitte Februar werden die Kaltkeimer wie normales Saatgut behandelt: Achten Sie auf ausreichend Feuchtigkeit und warten Sie die Keimung ab.

Es ist auch möglich, den Winter künstlich zu simulieren, damit Sie auch noch im Frühjahr Kaltkeimer aussäen können. Hierzu wird das Saatgut mit feuchtem Sand vermischt und in einen Plastikbeutel gegeben. Nun wird das Ganze für vier Wochen in den Kühlschrank gestellt. Anschließend wird der kältebehandelte Samen in Aussaaterde gesät und etwas wärmer gestellt.

An Ort und Stelle aussäen

Vor allem die ein- und zweijährigen Kräuter können Sie direkt ins Beet säen. Die Aussaat erfolgt je nach Klima von Ende März bis Ende Mai. Wärmebedürftige Arten wie Majoran, Bohnenkraut oder Kapuzinerkresse kann man erst ab Mitte Mai im Freien säen. Die schnellwüchsigen Einjährigen kommen schon im Sommer zur Blüte.
Die Zweijährigen werden im Sommer ab Mitte Juni gesät. Im ersten Jahr bilden sie am Boden

Zweijährige wie die Königskerze bilden im Jahr der Aussaat eine Blattrosette und überwintern so, erst im zweiten Jahr blühen sie.

Aussaat – so wird 's gemacht

Zum Keimen benötigt Samen Feuchtigkeit, Wärme und Luft. Der Boden muss erwärmt sein, in kalter Erde keimt kein Samenkorn. Vor der Aussaat bereiten Sie die Beete feinkrümelig und unkrautfrei vor.

Besonders praktisch ist die Reihensaat, da zwischen den Reihen gut gehackt und gejätet werden kann. Legen Sie den Samen entlang einer gespannten Schnur in flachen Saatrillen ab (Angaben zum optimalen Abstand finden Sie auf den Samentüten oder in der Übersicht auf Seite 144). Ziehen Sie die Rillen mit dem Finger oder mit einem Pflanzholz.

Feine Samen können Sie auch breitwürfig aussäen. Danach werden die Samen dünn mit Komposterde zugedeckt und mit der Hand oder dem Harkenrücken leicht angedrückt. Je feiner die Samen, desto dünner die darüber gestreute Kompostschicht. Lichtkeimer dürfen Sie gar nicht bedecken, sondern nur andrücken. Zum Schluss sollten Sie vorsichtig angießen, am besten mit einer feinen Brause.

Die warme Vorkultur eignet sich für wärmeliebende Arten wie Basilikum oder für mehrjährige Arten mit langer Entwicklungsdauer, etwa Lavendel, Salbei oder Rosmarin.

Beim Pikieren hilft ein Pikierstab oder ersatzweise eine dicke Stricknadel. Damit können Sie die Pflänzchen vorsichtig aus der Saatschale nehmen und in das Pflanzloch setzen.

eine Rosette und erst im zweiten Jahr blühen sie. Dazu gehören beispielsweise Engelwurz, Fenchel, Königskerze, Nachtkerze und Wegwarte.

Das Gelingen der Direktsaat hängt entscheidend von Wärme und gleichmäßiger Feuchtigkeit ab. Wenn angekeimte Samen austrocknen, sterben sie ab. Deshalb sollten Sie regelmäßig die Feuchtigkeit kontrollieren und eventuell das Beet mit Vlies oder Folie abdecken. Sobald die ersten Keimlinge erscheinen, muss man die Abdeckung entfernen. Die meisten Samen benötigen Keimtemperaturen um 18 °C; Kaltkeimer geben sich schon mit Temperaturen zwischen 10 und 15 °C zufrieden. Südländer und tropische Pflanzen erwachen erst bei Temperaturen über 20 °C.

In Saatkisten vorziehen

Ab März können Sie Kräuter auf der warmen Fensterbank, im Gewächshaus oder im Frühbeetkasten vorziehen.

Für die Vorkultur benutzen Sie am besten Blumentöpfe, Saatkisten oder flache Schalen, die mit Erde befüllt werden. Aussaaterde können Sie sich selbst aus einer Mischung aus zwei Drittel fein gesiebtem, gedämpftem Kompost und einem Drittel Sand herstellen.

Der Trick mit der Markiersaat

Bei langsam keimenden Kräutern können Sie die Reihensaat mit Kresse, Dill oder Radieschen markieren. Legen Sie diese Schnellkeimer in regelmäßigen Abständen mit in die Saatrillen. Sie erscheinen eher als die langsam keimenden Kräuter und zeigen Ihnen so, wo genau die Saatreihen entlang laufen. So können Sie bei Bedarf zwischen den Reihen hacken, ohne die Kräutersaat zu gefährden.

Die Aussaaterde wird nun mit einem Brettchen glatt gestrichen und leicht angedrückt. Danach feuchten Sie die Erde gut an und säen aus. Das Abdecken der Saatgefäße mit einer Glasscheibe oder einer Folie sorgt für die erforderliche hohe Luftfeuchtigkeit. Es gibt für diesen Zweck auch spezielle Mini-Gewächshäuser. Die Abdeckung wird täglich gelüftet.
Die meisten Kräuter keimen nach etwa zwei Wochen; Nachzügler wie Salbei oder Lavendel benötigen drei bis vier Wochen. Mit dem ersten Grün entfernen Sie die Abdeckung wegen der Schimmelgefahr. Jetzt ist viel Licht (aber keine direkte Sonneneinstrahlung!) nötig, damit die Keimlinge nicht in die Höhe schießen.

Pikieren für kräftige Pflanzen
Sobald nach den beiden Keimblättern die ersten beiden Laubblätter erscheinen, wird der „Kräuter-Kindergarten" aufgelöst. Die Pflänzchen werden nun einzeln in kleine Töpfchen oder Paletten verpflanzt (= pikiert). Hat der Sämling lange Wurzeln, knipsen Sie diese mit dem Fingernagel um ein Drittel ab. Er wird so tief gesetzt, dass das untere Blattpaar fast auf der Erde aufliegt. Die Pflänzchen werden gut angedrückt und vorsichtig gegossen.

Mit Pflanzenteilen vermehren

Die vegetative Vermehrung eignet sich vor allem für mehrjährige Kräuter, die bei Aussaat meist eine lange Entwicklungszeit haben. Hier erhält man in relativ kurzer Zeit eine neue Jungpflanze. Zudem kann man durch die vegetative Vermehrung besondere Merkmale der Mutterpflanze vervielfältigen.

Gestatten: Liebstöckel

Liebstöckel (*Levisticum officinale*) ist eine beliebte, mehrjährige Gartenpflanze, die bis 2 m hoch werden kann. Das in ihr enthaltene ätherische Öl ist für den typischen Maggigeruch verantwortlich. Wurzeln und Blätter wirken harntreibend und verdauungsfördernd. Geerntet werden die Blätter vor der Blüte durch zweimaligen Schnitt im Sommer (Juni / September), die aromatischen fingerdicken Wurzeln im Oktober des dritten Standjahres. Die Blätter müssen zügig getrocknet werden, damit sie ihr Aroma behalten. Liebstöckel steht gerne halbschattig auf tiefgründigem, humosen Boden und benötigt eine gute Feuchtigkeitsversorgung. Jedes Frühjahr bekommt er eine kräftige Kompostdüngung. Die Wurzelentwicklung wird durch Holzasche begünstigt. Das Saatgut bleibt nicht lange keimfähig und sollte deshalb gleich nach der Ernte im August ausgesät werden. Als Dunkelkeimer wird der Samen mit etwas Erde bedeckt und angedrückt. Da Liebstöckel andere Kräuter im Wachstum behindert, ist er nicht für Mischkulturen geeignet. Nach vier Jahren kann die Pflanze durch Teilung des Wurzelstockes verjüngt werden. Sie ist mit sich selbst und mit anderen Doldenblütlern (Dill, Engelwurz, Petersilie) unverträglich, weshalb im Fruchtwechsel eine Anbaupause von fünf Jahren sinnvoll ist. Liebstöckel ist sehr anfällig gegen Blattlausbefall.

Der Wurzelballen lässt sich je nach Stärke mit einem Spaten, der Gartenschere oder dem Messer teilen.

Stecklingsvermehrung – so wird 's gemacht

Mit einem sehr scharfen Messer oder einer Rasierklinge schneiden Sie 5–10 cm lange Stücke. Der Schnitt sollte schräg unter einer Blattachsel erfolgen, denn hier befindet sich sehr viel teilungsaktives Gewebe, aus dem sich neue Wurzeln bilden. Lösen Sie die Blätter im unteren Teil des Triebes behutsam ab, ohne den Blattknoten zu beschädigen. Es sollten ein bis zwei Blattpaare stehen bleiben. Am besten nutzen Sie nur Triebe ohne Blüten und Knospen, denn diese behindern die Wurzelbildung. Falls doch welche vorhanden sind, müssen sie entfernt werden.

Nun füllen Sie ein Substrat aus Kompost und Sand (etwa im Verhältnis 1:1) in kleine Töpfchen und gießen sie gut an. Bohren Sie nun mit einem Pikierstab oder Holzstab Pflanzlöcher in das Substrat. Mehrere Stecklinge werden eingesteckt und gut angedrückt. Etwa zwei Drittel des Stecklings kommen in den Boden. Stecken Sie sie am besten nah an den Rand des Topfes, da hier die Bewurzelung besonders gut klappt.

Geteilt ist mehr als verdoppelt

Bei mehrjährigen Kräuterarten, die sich horstartig ausbreiten, kann der Bestand durch Wurzelstockteilung vermehrt werden. Dies ist die einfachste Form der vegetativen Vermehrung. Im Frühjahr oder Herbst wird der Wurzelstock ausgegraben und geteilt. Nehmen Sie vor allem die jüngeren, äußeren Pflanzenteile.

Nun können die Einzelstücke am neuen Standort eingepflanzt werden. Der Wurzelhals kommt genauso tief in den Boden wie vorher. Ins Pflanzloch geben Sie als Starthilfe etwas Kompost. Die neugepflanzten Teile werden gut angedrückt und kräftig angegossen.

Stecklinge – ein Trieb bekommt Wurzeln

Von fast allen mehrjährigen Kräuter-Arten lassen sich im Sommer (Juni–August) sehr gut Stecklinge schneiden. Junge Triebspitzen oder Teilstücke der Triebe eignen sich am besten. Sie sollten schon genügend fest, aber noch nicht verholzt sein.

Hohe Luftfeuchtigkeit ist Voraussetzung für ein gutes Ergebnis. Dazu können Sie einfach eine durchsichtige Plastikhaube in passender Größe über den Topf stülpen. Einige kleine Löcher in der Folie sorgen für den nötigen Luftaustausch. Lassen Sie die Stecklinge an einem schattigen, aber warmen Platz

Geteilte Freude ist doppelte Freude

Folgende Pflanzen können Sie über Wurzelteilung vermehren:
Baldrian, Dost, Estragon, Frauenmantel, Goldrute, Indianernessel, Johanniskraut, Liebstöckel, Roter Schein-Sonnenhut, Schafgarbe, Schnittlauch, Waldmeister, Zitronengras, Zitronen-Melisse

Stecklingsvermehrung

Diese Pflanzen lassen sich leicht über Triebstecklinge vermehren:
Beifuß, Berg-Bohnenkraut, Eberraute, Lavendel, Lorbeer, Minzen, Rosmarin, Salbei, Thymian, Weinraute, Wermut, Ysop, Zitronen-Melisse, Zitronenverbene

Eine neue Pflanze aus einem Stück Wurzel

Wurzelschnittlinge gelingen bei folgenden Heilpflanzen:
Alant, Baldrian, Balsamkraut, Beinwell, Eibisch, Engelwurz, Enzian, Königskerze, Liebstöckel, Löwenzahn, Meerrettich, Nachtkerze, Süßholz

bewurzeln. Sie werden regelmäßig feucht gehalten, dürfen aber nicht zu nass stehen. Sobald sie zu treiben beginnen, haben sich Wurzeln gebildet. Das dauert in der Regel drei bis vier Wochen. Jetzt sollten Sie die Abdeckung entfernen und Ihren Schützlingen Zeit zum Entwickeln geben, bevor Sie sie auspflanzen.

Ein Wurzelstück genügt

Bei manchen Kräutern kann aus Wurzelstücken eine Art Steckling gemacht werden. Dazu legt man den Wurzelstock der Mutterpflanze frei und schneidet einige Stücke der jungen Wurzeln ab. Die Wurzelschnittlinge werden in der ursprünglichen Triebrichtung 1–2 cm tief eingegraben. Günstigste Zeit für diese Vermehrungsmethode ist das Frühjahr. Andere Pflanzen werden über Tochterzwiebeln (Knoblauch), Knollen (Pfingstrose) oder Rhizome (Maiglöckchen, Ingwer) vermehrt. Wieder andere Pflanzen (Minzen, Estragon) bilden Wurzelausläufer, die unter der Erde weiterwandern. Überirdische Ausläufer machen zum Beispiel Erdbeeren.

Die Wurzelteilung bietet sich auch zum Verjüngen an, da viele Kräuterstauden im Laufe der Jahre ihre Vitalität verlieren, weniger Wirkstoffe produzieren und irgendwann eingehen. Diese „Verjüngungskur" sollte alle drei bis fünf Jahre stattfinden.

Bei Wurzelschnittlingen genügt es, wenn Sie ein fingerlanges Stück der fleischigen Wurzeln einpflanzen.

In den ersten Wochen nach der Pflanzung immer gut wässern!

Heilkräuter kaufen und pflanzen

Nicht alle Heilkräuter eignen sich zur Saatgutgewinnung. Deshalb werden Sie ausgefallene Arten und Züchtungen als Topfpflanzen kaufen müssen. Da Sie die Pflanzen sicher essen oder zur Heilung bzw. Schönheitspflege einsetzen wollen, sollten sie aus biologischer Produktion stammen. Adressen von gut sortierten Spezial-Gärtnereien finden Sie im Serviceteil auf Seite 145.
Grundsätzlich sollten Sie Kräuterpflanzen gleich nach dem Kauf von der überversorgten Topferde befreien. Entweder kommen sie in einen größeren Topf mit einem mageren Substrat, das auch dem gewünschten pH-Wert entspricht. Oder sie werden gleich im Garten an den richtigen Standort gesetzt. Wenn die Pflanzen bisher unter Glas standen, müssen sie erst langsam im Schatten an die UV-Strahlung gewöhnt werden, damit es nicht zu Blattverbrennungen kommt. Nach vier bis fünf Tagen Abhärtung ist die Sonnenbrandgefahr gebannt.
Wässern oder tauchen Sie die Topfpflanzen vor dem Einsetzen gründlich. Dann heben Sie das Pflanzloch aus und füllen etwas Kompost ein. Die eingesetzte Pflanze sollte auf dem gleichen Niveau in der Erde sitzen wie vorher im Topf. Rundherum sollten Sie nun alles fest andrücken und gut angießen.
Ausgepflanzt wird vorzugsweise im Frühjahr bei bedecktem Himmel. An sonnigen Tagen wird abends gepflanzt, damit den Jungpflanzen von der Frische und Feuchtigkeit der Nacht profitieren.
Oft kann man sich zu Beginn nicht vorstellen, dass aus den kleinen Pflänzchen mal große Stauden werden. Empfehlungen für den richtigen Pflanzabstand finden Sie in der Übersicht im Serviceteil auf Seite 144.

Gesund durch Mischen und Wechseln

Die Idee der Mischkultur wurde von klugen Gärtnerinnen und Gärtnern der Natur abgeschaut. Die Natur ist immer bestrebt, jeden Lebensraum mit einer möglichst großen Artenvielfalt zu überziehen. Durch diese bunte Mischung werden Nützlinge gefördert und Krankheiten in Schach gehalten. Dagegen sind Monokulturen ein Schlaraffenland für Krankheiten und Schädlinge.

Die bunte Partnerschaft im Beet kann verschiedene Zwecke verfolgen: die Erträge zu erhöhen, das Aroma zu verbessern oder Schädlinge und Krankheiten abzuwehren.

„Multikulti" für den Garten

Die Wirkstoffe für die gegenseitige Förderung können auf verschiedensten Wegen zu der Nachbarpflanze gelangen: durch Wurzelausscheidungen, über die Luft durch Duftmoleküle aus Blättern und Blüten oder indem sie durch Regen von den Blättern abgewaschen werden und in den Boden gelangen.

Mischkulturen werden in der Regel in Reihen angelegt. Manchmal genügt es, innerhalb eines Beetes oder einer Reihe vereinzelte Fremdkräuter unterzubringen. So verbessert Kamille in einer Möhrenreihe deren Ertrag

Mischkultur, wie beispielsweise die Kombination aus Ringelblume und Kornblume, vergrößert den Ernteerfolg und lockt Bienen in den Garten.

und Dill fördert die Keimung der benachbarten Samenkörner.
Allerdings gibt es ein paar Dinge zu beachten, damit die „Wohngemeinschaften" auf dem Kräuterbeet funktionieren. Es genügt nicht, wenn sich zwei Pflanzen zwar hinsichtlich der Schädlingsvertreibung positiv beeinflussen, aber ganz unterschiedliche Bedürfnisse hinsichtlich Nährstoffbedarf, pH-Wert, Wasserhaushalt und Licht haben. Beispielsweise gehören Thymian und Salbei eigentlich nicht neben den Kohl, auch wenn beide den Kohlweißling irritieren und an der Eiablage hindern. Denn Kohl ist ein absoluter Starkzehrer, der ein nährstoffreiches Beet benötigt. In dieser stickstoffreichen Erde können die Kräuter ihre Aromen nur schlecht entwickeln und werden krankheitsanfällig. Aber in diesem Fall geht es ja in erster Linie um den Schutz des Kohls, Thymian und Salbei dienen nur als kurzlebige Schädlingspolizei.

Auf gute Nachbarschaft

Besonders bei den Heilkräutern sind sehr viele Helferpflanzen vertreten, die Sie daher gut als Mischkulturpflanzen einsetzen können. Aber das ist eigentlich nicht überraschend, denn wenn sie mit ihren Wirkstoffen uns Menschen

Auch optisch sind diese „Wohngemeinschaften" ein Genuss: Malve und Königskerze stärken sich hier gegenseitig in ihrer Leuchtkraft.

Gestatten: Knoblauch

Knoblauch (*Allium sativum*) ist nicht nur ein vorzügliches Gewürz, sondern auch wertvolle Medizin. Er wirkt verdauungsfördernd und vorbeugend gegen Arteriosklerose, senkt den Blutdruck und die Cholesterinwerte. Knoblauch ist zwar eine mehrjährige Pflanze, wird aber nur einjährig kultiviert. Er bevorzugt tiefgründige, humose Böden. Der Standort sollte sonnig und warm sein. Weder zuviel Düngung noch zuviel Feuchtigkeit werden vertragen. Bei der Vermehrung benutzt man entweder die Knoblauchzehen (Nebenzwiebeln) oder die so genannten „Brutzwiebeln". Die einfachere Methode ist der Zehenanbau: Knoblauchzehen werden entweder im September oder im Frühjahr (März / April) 5 cm tief gesteckt. Wenn im Sommer das obere Drittel des Laubes abgestorben ist, beginnt die Ernte. Knoblauch ist eine gute Mischkulturpflanze, die vor allem die Gesundheit von pilzanfälligen Nachbarn steigert. Auch für Spritzbrühen (siehe Seite 142 / 143) ist er sehr gut geeignet.

helfen, warum sollen sie dann nicht auch innerhalb der Pflanzenwelt hilfreich sein? Beispiele sind Brennnessel, Kamille und Schafgarbe, die die Gesundheit von Gartenpflanzen und Gartenboden ebenso fördern wie unser Wohlbefinden.
Bärlauch, Knoblauch, Zwiebel und Lavendel enthalten pilzwidrige Verbindungen. In ihrer Nachbarschaft fühlen sich Pflanzen wohl, die anfällig gegen Mehltau, Grauschimmel und Rostpilze sind. Besonders hilfreich sind Mischkulturen mit Sticksoffsammlern (Leguminosen), etwa Bohnen, Lupinen oder Klee. Vor allem nährstoffbedürftige Wurzelpflanzen wie Engelwurz oder Baldrian profitieren davon.
Mit geschickten Planzenkombinationen lassen sich sogar die Inhaltsstoffe der Nachbarpflanzen erhöhen: Die Brennnessel erhöht als Mischkulturpflanze bei aromatischen Kräutern den Gehalt an ätherischem Öl. In Bulgarien wird oft Knoblauch unter die Rosen gepflanzt, um die Menge des kostbaren Rosenöls zu erhöhen.

Aber es klappt nicht mit jedem Nachbarn

Es gibt auch Nachbarschaften, die sich in der Entwicklung behindern oder sich sogar verdrängen. Solche Pflanzen sind Beifuß, Eberraute, Liebstöckel und Wermut. In ihrem „Dunstkreis" werden Nachbarpflanzen verdrängt, weshalb sie einen Platz für sich allein bekommen sollten. Der Abstand zu den Nachbarpflanzen sollte statt der üblichen 40 cm mindestens 80 cm betragen.
Auch Gartenkresse wird nicht von allen Pflanzen als Nachbar gewünscht. So bildet z.B. der Kopfsalat in ihrer Nähe keine richtigen Köpfe aus und beginnt früh zu schossen. Auch Gurken mögen nicht in der Nähe von Kresse stehen. Ansonsten sind die meisten Kräuter angenehme Mischkulturpartner.

Alles Gute! – Wohlfahrtswirkungen von Kräutern

Wirkung	Pflanzen*
ertragssteigernd, wachstumsfördernd	Basilikum, Dost, Kamille, Malve, Schafgarbe, Thymian
aromaverbessernd	Basilikum (Tomaten), Dill (Gurken), Kerbel (Salat), Kresse (Radieschen), Knoblauch (Erdbeeren), Kümmel (Kartoffeln), Petersilie (Tomaten)
fördert die Keimung	Dill
gegen Pilzerkankungen	Bärlauch, Knoblauch, Zwiebel, Basilikum (Gurken), Meerrettich (Kartoffeln), Salbei (Kartoffeln), Taubnessel (Kartoffeln), Wermut (Johannisbeeren)
produktionssteigernd für ätherische Öle	Brennnessel, Lavendel, Knoblauch
vertreibt Kohlweißling	Borretsch, Dill, Eberraute, Pfefferminze, Rosmarin, Salbei, Thymian, Ysop
vertreibt Fadenwürmer (Nematoden)	Ringelblume, Roter Schein-Sonnenhut, Studentenblume
vertreibt Blattläuse	Bohnenkraut (Bohnen), Kerbel (Salat), Kapuzinerkresse (zieht Läuse an), Lavendel (Rose), Tulsi-Basilikum, Wermut (zieht Läuse an)
vertreibt Möhrenfliege	Schnittlauch, Zwiebel

* (in Klammern finden Sie die Pflanzen, die von der positiven Wirkung der Kräuter ganz besonders profitieren)

Bunt gemischte Beete halten Krankheiten und Schädlinge in Schach.

Fruchtwechsel regelt das Nacheinander

Die meisten Kulturpflanzen können nicht Jahr für Jahr am selben Platz stehen. Der Boden wird dadurch einseitig ausgelaugt und die Gefahr von Infektionen und Schädlingsbefall steigt. Der ständige Wechsel der Kulturen auf den Feldern war bis vor einigen Jahrzehnten noch grundlegender Bestandteil der Landwirtschaft. Dann begann der Siegeszug der Monokulturen mit all ihren negativen Auswirkungen auf die Umwelt.

Der Fruchtwechsel regelt das zeitliche Aufeinanderfolgen verschiedener Pflanzengenerationen. Es wird darauf geachtet, welche Pflanzen nacheinander auf den Beeten stehen. Der Wechsel muss im Gegensatz zum Gemüseanbau nicht zwangsläufig jährlich stattfinden, denn viele mehrjährige Kräuterkulturen stehen drei oder vier Jahre am gleichen Platz. Wird dieses Beet dann geräumt, darf nicht wieder die gleiche Pflanze folgen.

Fruchtwechsel erfordert in großen Gärten eine genaue Planung. Anhand eines Gartenplanes wird festgehalten, wo und wann welche Kräuter angebaut wurden.

Erst Starkzehrer, dann Schwachzehrer

Beim Fruchtwechsel wird zum einen der unterschiedliche Nährstoffbedarf der einzelnen Pflanzen berücksichtigt. So wird zuerst ein Starkzehrer (z.B. Baldrian oder Pfefferminze) mit hohem Nährstoffbedarf auf das Beet gesetzt; beim Wechsel der Kultur folgt dann ein Schwachzehrer (z.B. Ringelblume oder Kamille). Er kommt gut mit dem aus, was der Vorgänger an Nährstoffen übrig gelassen hat. Nehmen Sie zu der Einteilung der Kräuter bezüglich ihres Nährstoffbedarfes die Tabelle auf Seite 43 zur Hilfe.

Krankheiten im Keim ersticken

Beim Fruchtwechsel geht es auch darum, Krankheiten und Schädlinge in Schach zu halten. Pflanzen, die gegen die gleichen Krankheiten oder Schädlinge anfällig sind, sollten nicht in zeitlicher Folge auf demselben Beet stehen. Häufig gehören solche Pflanzen einer Familie an. So sind z.B. die Malvengewächse Stockrose und Malve sehr anfällig gegen die Pilzerkrankung Malvenrost und ebenso werden beide gerne von Erdflöhen angeknabbert. Entwicklungszyklen der Krankheiten und Schädlinge werden am ehesten unterbrochen, wenn dieselbe Pflanze (und nahe Verwandte aus derselben Familie) erst nach drei Jahren wieder an diesen Platz kommt. Deshalb ist es sinnvoll, Malvengewächse nicht unmittelbar nacheinander anzubauen, und auch bei anderen Pflanzenfamilien sollten Sie auf einen Wechsel achten (S. 61).

Manche Kräuter sind mit sich selbst besonders unverträglich. Die Unverträglichkeit kann verschiedene Ursachen haben: negativ wirkende Wurzelausscheidungen, einseitiger Nährstoffentzug aus dem Boden oder die Übertragbarkeit von Krankheiten und Schädlingen. Deshalb sollten Sie bei einigen Kräutern länger als drei Jahre pausieren. Bei Baldrian, Dost, Fenchel, Petersilie, Johanniskraut, Liebstöckel, Pfefferminze und Thymian ist eine fünfjährige Anbaupause nötig, bevor sie wieder an dieselbe Stelle gepflanzt werden können.

Nach der Ernte des Schwachzehrers gönne ich dem Beet eine Erholungskur in Form einer Gründüngung oder einer Kompostgabe. Danach beginnt der Kreislauf von Neuem mit einer starkzehrenden Pflanze.

Welches Kraut, welche Pflanzenfamilie?

Korbblütler	Doldenblütler	Lippenblütler	Kreuzblütler	Rosengewächse
Alant	Anis	Basilikum	Brunnenkresse	Blutwurz
Arnika	Bibernelle	Bohnenkraut	Gartenkresse	Brombeere
Beifuß	Dill	Dost	Hirtentäschel	Erdbeere
Estragon	Engelwurz	Indianernessel	Knoblauchsrauke	Frauenmantel
Goldrute	Fenchel	Majoran	Meerrettich	Gänse-Fingerkraut
Kamille	Kerbel	Minzen	Rukola	Himbeere
Kornblume	Koriander	Quendel	Senf	Mädesüß
Löwenzahn	Kümmel	Rosmarin		Odermennig
Ringelblume	Liebstöckel	Salbei		Pimpinelle
Roter Schein-Sonnenhut	Petersilie	Taubnessel		Rose
Schafgarbe		Thymian		
Wermut		Zitronen-Melisse		

„Alles bio" beim Pflanzenschutz

Kräuter stehen den Wildpflanzen noch sehr nahe – das macht sie widerstandsfähiger und robuster. Einen Kräutergarten ohne Krankheiten und Schädlinge kann es allerdings nicht geben, denn sie gehören zum Naturkreislauf. Es gibt jedoch genügend Möglichkeiten, den Schaden in Grenzen zu halten.
An erster Stelle stehen unterstützende und stärkende Maßnahmen, die es den Pflanzen erleichtern, sich selbst zur Wehr zu setzen. Wie Sie bereits erfahren haben, gehören dazu richtige Standortwahl, gute Bodenpflege und Düngung sowie Mischkultur und Fruchtwechsel.

Pflanzen Sie in Ihrem Garten einige „Läusefänger" wie den Wermut, von ihnen werden dann auch die Nützlinge angelockt.

Im Naturkreislauf erfüllt jedes Lebewesen eine wichtige Funktion. Die Einteilung in „Schädlinge" und „Nützlinge" wurde vom Menschen vorgenommen. Schädlinge und Krankheiten haben die Aufgabe, das Schwache, das Alternde oder schlecht Angepasste abzubauen. Bei gesunden Pflanzen halten sie sich in Grenzen. Das Auftreten von Krankheiten und Schädlingen zeigt uns oftmals eigene Anbaufehler oder ungünstige Witterungsbedingungen an.

Nützliches für Nützlinge

Natürlich vorkommende Nützlinge zu fördern, hat im biologischen Kräuteranbau einen besonderen Stellenwert. Ein intaktes Ökosystem wirkt bei Schädlingsbefall selbstregulierend: In extremen Blattlausjahren werden vor allem Holunder, Rosen und Salbei gerne von den kleinen Saugern belästigt. Ein plötzliches massenhaftes Auftreten von Marienkäfern und Florfliegenlarven bereitete dem Spuk ein überraschendes und schnelles Ende. Bei dieser Methode muss man allerdings erst einen Befall zulassen, bis die Regulation durch Nützlinge greift.
Damit die Selbstregulation in Ihrem Garten funktioniert, sollten Sie die Gartennützlinge durch verschiedene Maßnahmen fördern. Sie können beispielsweise Reisig- und Steinhaufen aufschichten und einige „wilde Ecken" belassen, Nisthilfen für Insekten und Vögel anbringen sowie Hecken pflanzen.
Zu den Nützlingen zählen Igel, Spitzmäuse, Kröten, Eidechsen und Blindschleichen, die unter anderem Schnecken und deren Eier fressen. Nützliche Insekten wie Florfliegen, Marienkäfer, Schlupfwespen, Gallmücken und Schwebfliegen räumen unter den Blattläusen mächtig auf.

Eine Marienkäferlarve oder eine Florfliegenlarve frisst in ihrer dreiwöchigen Entwicklungszeit 300–600 Blattläuse!

Nicht hart durchgreifen!

Der Einsatz von Chemie im Heilpflanzengarten wäre widersinnig, da diese Pflanzen ja zum Heilen oder Verzehren eingesetzt werden sollen. Aber auch der biologische Pflanzenschutz kann negativ in das ökologische Gleichgewicht eingreifen, denn nicht alle pflanzlichen Bio-Spritzmittel sind ungiftig. Der Vorteil von „Bio-Giften" gegenüber chemischen Giften ist ihre schnelle biologische Abbaubarkeit. Trotzdem sollten Sie den Einsatz gut überlegen, denn die Nützlinge erholen sich von solchen Eingriffen wesentlich langsamer als die sich schnell entwickelnden Schädlinge. Deshalb sollten Sie Notwehr mit „Bio-Giften" nur als allerletzte Möglichkeit nutzen.

Es ist natürlich nicht so, dass in unseren Gärten die Natur immer alles von selbst reguliert. Oftmals sind die Gärten auch zu klein, um genügend Lebensraum für viele Nützlinge anbieten zu können. Was tun, wenn die Selbstregulierung nicht gelingt? Dann benötigen kranke und befallene Gartenkräuter die Pflege und den Schutz durch uns. Dies sollte in erster Linie durch vorbeugende und stärkende Spritzungen geschehen, die das Abwehrsystem der Pflanzen stärken. Ausführliche Rezepte für den biologischen Pflanzenschutz sowie Bezugsadressen für Nützlinge finden Sie im Serviceteil auf Seite 145.

Mit der Natur gärtnern heißt auch Teilen lernen und der Natur einen Teil zurückgeben.

Auch Singvögel wie die Blaumeise sind gern gesehene Gartengäste. Sie fangen zur Aufzucht ihrer Jungen riesige Mengen an Raupen und Insekten.

Einen Unterschlupf für Insekten können Sie fertig als „Insektenhotel" kaufen oder – und das finde ich charmanter – selbst etwas kreieren.

Gestatten: Stockrose

Die zu den Malvengewächsen gehörende Stockrose (*Alcea rosea*) ist eine beliebte Zierpflanze in Bauerngärten. Sie kann eine imposante Höhe von 2,50 m erreichen. Es gibt rosarot bis purpurschwarz blühende Sorten. Die großen Blüten enthalten Schleime, weshalb sie zur Linderung von Reizhusten und zum Gurgeln bei Halsentzündungen verwendet werden. Sie werden ab Juli täglich geerntet und rasch getrocknet.
Stockrosen benötigen einen tiefgründigen, nahrhaften Boden ohne Staunässe. Sie bevorzugen einen warmen, sonnigen Standort. Das Saatgut gehört zu den Dunkelkeimern. Als Zweijährige wird sie im Sommer gesät, im darauffolgenden Jahr kommt sie zur Blüte. Bei günstigem Standort kann sie mehrere Jahre alt werden. Die Pflanzen sind sehr anfällig gegen Erdflohbefall, die die Blätter siebartig durchlöchern und verschiedene Pilzkrankheiten wie Malvenrost und Brennfleckenpilz. Sie können aber durch frühzeitige Spritzungen mit Acker-Schachtelhalm gestärkt werden. Brennfleckenpilze befallen auch gerne das Saatgut, weshalb nur von gesunden Pflanzen Samen gewonnen wird.

Pilze im Heilpflanzengarten

Pilzerkrankungen kommen auch im Kräutergarten vor. Häufig anzutreffen sind Rostpilze und Mehltau. Pilze lieben ein feucht-warmes Klima und bevorzugen ein Pflanzengewebe, das durch übermäßige Stickstoffdüngung weich und schwammig ist. Gegen Pilzkrankheiten anfällige Pflanzen dürfen nicht zu schattig und nicht zu dicht stehen. Achten Sie deshalb auf ausreichende Pflanzabstände!
Gegen alle Pilzerkrankungen kann vorbeugend mit Schachtelhalm-Präparaten oder Algen-Extrakten gespritzt werden. Stärker wirksam sind Schwefelpräparate. Fungizid wirken auch Spritzmittel aus Knoblauch, Zwiebel und Bärlauch sowie Lavendel. Ein einfaches und preisgünstig herzustellendes Pilzspritzmittel können Sie sich aus zwei Teilen Wasser und einem Teil fettarmer Milch herstellen. Es hilft auch gegen Blattläuse.
Bei starkem Pilzbefall entfernen Sie vor der Spritzung alle sichtbar erkrankten Triebe und Blätter. Nicht verholzende Pflanzen, wie Minze oder Zitronen-Melisse, können Sie bei Befall radikal zurückschneiden. Sie treiben dann meist wieder gesund aus.
Umfallkrankheiten an Keimlingen werden durch Bodenpilze verursacht. Es bilden sich eingeschnürte Stellen an den Stängeln, die fadenförmig eintrocknen und die Pflanzen zum Umfallen bringen. Dieses Problem taucht vor allem bei der Vorkultur in Saatschalen auf. Zu dichtes Aussäen und zu viel Feuchtigkeit begünstigen die verantwortlichen Pilze. Das Bestäuben der Aussaaterde mit Steinmehl wirkt vorbeugend.
Rostpilze verursachen rostfarbige orange Flecken auf den Blättern, vor allem auf den Blattunterseiten. Besonders anfällig sind Malven, Pfefferminze, Stockrosen und Wermut. Aber auch Rosen, Zitronen-Melisse und Eibisch können befallen werden. Rostpilze sind sehr

schwer in Griff zu bekommen. Rückschnitt und Spritzungen des Neuaustriebes mit Schachtelhalm sind mögliche Maßnahmen. **Echter Mehltau** und **Falscher Mehltau** gehören auch bei Heilkräutern zu den verbreiteten Pilzkrankheiten. Baldrian, Dill, Dost, Fingerhut, Indianernessel, Kümmel, Rosen, Ringelblume, Minzen, Salbei und Zitronen-Melisse sind dafür besonders anfällig. Die befallenen Organe sehen wie mit Mehl überpudert aus. Der Echte Mehltau entwickelt sich bei Wärme und Trockenheit; der Falsche Mehltau vorwiegend in nassen, kühlen Phasen. Beim Falschen Mehltau wächst der grauweiße Schimmelrasen nur auf der Blattunterseite; blattoberseits entstehen gelbe Verfärbungen. **Blattfleckenkrankheiten** werden ebenfalls durch Pilze verursacht. Sie sind häufig zu beobachten bei Eibisch, Liebstöckel, Petersilie, Minze, Malve, Stockrose und Zitronen-Melisse. Die Flecken auf den Blättern trocknen ein und lassen ganze Pflanzenteile absterben. Der Pilz überwintert gerne auf dem Saatgut, weshalb Sie nur von gesunden Beständen Samen gewinnen sollten. Hilfreich ist eine Saatbeize vor dem Aussäen. Das Saatgut wird 25 Minuten in 50 °C warmen Kamillentee eingelegt.

Tierischer Appetit

Läuse gehören zu den häufigsten Gartenschädlingen. Sie finden sich oft an Baldrian, Kamille, Liebstöckel, Salbei, Rosen und Wermut. Über 80 Läusearten, meist Blattläuse, sind an Heilpflanzen zugange. Die Läuse entziehen den Pflanzen durch ihre Saugtätigkeit Nährstoffe und beeinträchtigen somit Wachstum und Wirkstoffbildung. Läuse weisen oft auf Probleme im Wurzelbereich der Pflanze hin: ist der Boden zu verdichtet, fehlen Wasser oder Dünger, steht die Pflanze am falschen Standort?

Hier waren Erdflöhe am Werk. Um den Schädlingen das Leben schwer zu machen, ziehe ich Malvengewächse jedes Jahr an einer anderen Stelle im Garten.

Königskerzen sind leider die Leibspeise des Graubestäubten Wollkraut-Mönchs. Die Raupe sieht wunderschön aus, der Nachtfalter dann eher unscheinbar.

Manchmal kann das Lockern der Erde im Wurzelbereich das Problem schon lösen. Bei Topfpflanzen lässt sich das Läuseproblem häufig durch Umpflanzen regulieren.
Falls die Nützlinge dem Spuk kein Ende bereiten, gibt es zahlreiche pflanzliche Hilfsmittel (siehe Tabelle auf Seite 142/143). Häufig eingesetzt wird auch Schmierseife (10–15 g in 1 l Wasser), die den Läusen das Leben schwer macht.
Zu Beginn des Befalls hilft manchmal schon das Abspritzen der Läuse mit einem scharfen Wasserstrahl.
Erdflöhe sind kleine Käfer, die ihren Namen der Fähigkeit verdanken, wie kleine Flöhe zu springen. Sie lieben die schleimhaltigen Malvengewächse (Malve, Stockrose, Eibisch) und die scharf schmeckenden Kreuzblütler (Hirtentäschel, Kresse, Meerrettich). Sie sind je nach Art schillernd schwarz oder gelbgestreift. Erdflohbefall zeigt Fehler bei der Bodenpflege an, weil sie sich gerne auf verkrusteten, trockenen Böden aufhalten. Hier hilft Hacken, Mulchen und regelmäßiges Gießen. Notfalls besprühen Sie Boden und Pflanze mit einem selbst hergestellten Spritzmittel aus Rainfarn oder Wermut. Auch das Bestäuben der Blätter mit Steinmehl oder Algenkalk kann hilfreich sein.
Schmetterlinge erfreuen jeden Kräutergärtner. Aber ohne die gefräßigen Raupen gäbe es die vielen Falter nicht. Schmetterlingsraupen schädigen Königskerze, Lavendel, Malve, Pfefferminze und Wermut. Raupen werden im biologischen Anbau durch Spritz-Präparate mit dem Bakterium *Bacillus thuringiensis* bekämpft. Für Menschen ist dieser Erreger nicht schädlich.
Nematoden sind winzige Fadenwürmer. Sie können bei Wurzelkräutern wie Engelwurz, aber auch bei Fenchel oder Petersilie Schäden verursachen. Hier helfen Mischkulturpartner, wie Ringelblume und Studentenblume, die mit ihren Wurzelausdünstungen Nematoden vertreiben.
Weiße Fliegen befallen vor allem Gewächshauskulturen und Topfpflanzen im Haus oder Wintergarten. An den klebrigen Ausscheidungen der Weißen Fliege siedeln sich gerne Rußtaupilze an. Mit eingesetzten Nützlingen lassen sich gute Erfolge erzielen. Solche Nützlinge für Gewächshaus oder Wintergarten können per Post bestellt werden. Bezugsadressen finden Sie im Serviceteil Seite 145. Vorbeugend hilft auch gutes Lüften und das Aufhängen von gelben Leimtafeln.
Nur wenn durch den Schädlingsbefall mit Insekten der gesamte Bestand eines Heilkrautes gefährdet sein sollte, ist der Einsatz von natürlichem Pyrethrum gerechtfertigt. Zum Schutz der Bienen sollten solche Mittel abends gespritzt werden. Weitere, etwas schwächer wirkende natürliche Insektizide werden aus dem Indischen Neembaum und dem Quassia-Bitterholz gewonnen.
Wühlmäuse schädigen vor allem Kräuter mit saftigen Wurzeln (z.B. Eibisch, Fenchel). Hier können jagderfahrene Katzen Abhilfe leisten. Mäßige Erfolge erzielt man durch Abwehrpflanzen (z.B. Knoblauch, Gartenwolfsmilch, Kaiserkrone). Etwas wirksamer sind stark riechende Jauchen, die man in die Gänge gießt (Holunder, Knoblauch, Walnuss, Thuja). Auch in die Gänge gestopfte Menschen- oder Hundehaare wirken abschreckend. Die verschiedenen Vertreibungsmethoden durch Schallwellen machen meiner Ansicht nach keinen großen Eindruck auf Wühlmäuse.

Eine Jauche aus Holunderblättern und Knoblauch wird in die Wühlmausgänge gegossen.

In einer Nacht können Schnecken bis zu 25 m Wegstrecke zurücklegen.

Malve und Frauenmantel möge

Unbeliebte Garten-Gourmets

Kaum ein Gärtner, der nicht eine Geschichte über die gefräßige Nacktschnecke parat hat. Der größte Schaden wird durch die eingeschleppte Spanische Wegschnecke hervorgerufen. Aber auch die heimische Große Wegschnecke ist in unseren Gärten aktiv. Gehäuseschnecken richten dagegen kaum Schaden an.
Vor allem nachts gehen die schleimigen Gesellen auf Nahrungssuche. Sie haben einen unglaublichen Geruchssinn, mit dem sie ihr Lieblingsfutter auf 50 m Entfernung riechen können! Außerdem besitzen sie ein Langzeitgedächtnis für den Fundort des Leckerbissens und kehren Nacht für Nacht so lange zurück, bis nur noch ein Gerippe übrig ist.

Meine persönliche Schnecken-Geschichte

Im Frühsommer 1993 legte ich die ersten Kräuterbeete für meine Teeproduktion an. Der nächtliche Regen sollte den Pflänzchen beste Anwuchsbedingungen bieten. Früh am nächsten Morgen war der Schrecken groß: Die Pflänzchen waren dicht behangen mit dicken, rotbraunen Nacktschnecken. Wutgesteuert begann ich mit allen in der Literatur auffindbaren Bekämpfungsmethoden: Zerschneiden, Überbrühen und Verjauchen. Die meisten dieser Methoden waren nicht besonders wirkungsvoll, denn die toten Schnecken lockten immer mehr kannibalisch veranlagte Artgenossen aus weiter Ferne an. Eine weitere Methode war das Ertränken in Bierfallen. Zwar ertranken zahlreiche Alkoholiker-Schnecken, aber der Bierduft machte richtige Feierstimmung und lockte unzählige neue Zecher in meine Kräuter.
Recht schnell entschied ich mich dazu, die Schnecken eimerweise abzusammeln und wegzutragen. Das Absammeln war eine zeitraubende unangenehme Arbeit, aber langfristig erfolgreich! Frühmorgens und abends vor dem „Großen Fressen“ machte ich mich mit Einweghandschuhen und Eimern auf den Weg. In den Gartenwegen ausgelegte alte Bretter waren dabei sehr hilfreich, da sich die Schnecken gerne darunter verkrochen. Fernab der gefährdeten Kulturen wurden sie zu Hunderten ins Asyl gesetzt. Mit meiner Entscheidung gegen

hnecken nicht.

Besondere Pflanzen schütze ich mit Schneckenzäunen.

den „Schneckenkrieg" hatte ich innerlich ein gutes Gefühl, das besser in mein Weltbild vom biologischen Kräuteranbau passte. Und tatsächlich löste sich das Problem mithilfe des konsequenten Absammelns nach einigen Jahren vollständig.

Nacktschnecken haben eine besondere Vorliebe für bestimmte Kräuter: Basilikum, Kresse, Marienblatt, Mariendistel und Sonnenblumen. Nach meiner Erfahrung gehören auch Thymian und Zitronen-Melisse dazu. In schneckenreichen Gärten sollten Sie Kräuter favorisieren, die nicht zu ihren Leibgerichten zählen: Beifuß, Berg-Bohnenkraut, Borretsch, Eberraute, Frauenmantel, Kapuzinerkresse, Kerbel, Königskerze, Lavendel, Kalifornischer Mohn, Kornblume, Malve, Dost (Oregano), Petersilie, Pfefferminze, Ringelblume, Rosmarin, Salbei, Schafgarbe, Ysop, Wermut und Weinraute.

Einreise verhindern

Eine beliebte Methode ist das Abwehren durch Barrieren aus Sägemehl, Holzasche, Kalk, Steinmehl oder Sand. Diese saugfähigen Stoffe strapazieren das Schleimreservoir der Schnecken stark. Das ist wichtig, weil die Schnecken immer den Rückzug in ihr Versteck einkalkulieren. Die Barrieren werden um die Beete gestreut und müssen mindestens 30 cm breit sein. Hilfreich sind diese Barrieren leider nur bei trockenem Wetter.

Nachweislich wirkungsvoll sind Schneckenzäune mit nach außen umgebogenen Blechen. Die abgewinkelten Kanten können die gefräßigen Gesellen nicht überwinden. Innerhalb der Umzäunung müssen aber unbedingt alle Schnecken abgesammelt werden. Allerdings ist diese Lösung bei größeren Gärten nicht gerade billig.

Als Schneckenfänger bewährt haben sich auch Laufenten. Die putzigen Tiere benötigen allerdings eine Einzäunung, ein Häuschen und zur artgerechten Haltung einen kleinen Teich.

Im Notfall hilft das im biologischen Landbau zugelassene „Bio-Schneckenkorn" (siehe Serviceteil Seite 145). Es funktioniert auf Eisenphosphat-Basis und ist für andere Tiere ungiftig. In der Erde wird es zu den Pflanzennährstoffen Eisen und Phosphat abgebaut.

Jauchen aus Brennnessel steigern die Frosthärte und Widerstandskraft der Pflanzen.

Selbst ist das Kraut

Da Pflanzen fest verwurzelt sind, können sie bei Gefahr nicht davonlaufen. Sie müssen sich an Ort und Stelle zur Wehr setzen. Deshalb bilden sie Abwehrstoffe aus, um die fressenden und saugenden Insekten abzuschrecken oder um krank machende Pilze abzutöten. Oft sind es die duftenden Kräuter, mit ihrem hohen Gehalt an ätherischen Ölen die Insekten vertreiben oder so irritieren, dass sie die Wirtspflanze nicht entdecken.
Aus solchen „Schutzkräutern" lassen sich pflanzliche Spritzbrühen herstellen, die anderen Pflanzen helfen können. Sie werden durch die verschiedenen Zubereitungsformen unterschieden:

- Jauche, die düngt und die Abwehrkräfte stärkt,
- Brühe, die Krankheiten und Schädlinge vertreibt,
- Tee, der die Gesundheit der Heilpflanzen stärkt und die Wirkstoffe erhöht.

Die meisten Kräuterspritzmittel wirken vorbeugend, weshalb ein mehrfaches Wiederholen der Behandlung den Erfolg deutlich steigert.

Jauche zum Düngen und Stärken

Für die Jaucheherstellung benötigen Sie 1 kg frische oder 200 g getrocknete Pflanzen. Geben Sie diese in einen Steinguttopf oder in ein Holz- oder Kunststofffass. Das Ganze übergießen Sie mit 10 l Wasser und lassen es an einem warmen Platz zwei bis drei Wochen stehen, bis die Gärung abgeschlossen ist. Die Jauche ist fertig, wenn sie nicht mehr schäumt. Unangenehme Gerüche lassen sich durch das Einrühren von ein paar Handvoll Steinmehl oder Bentonit etwas mildern. Wenn die Gärung abgeschlossen ist, werden die Jauchen verdünnt im Wurzelbereich der

Pflanzen ausgebracht. Ein Teil Jauche wird mit zehn Teilen Wasser aufgegossen. Jauche sollten Sie nicht direkt über die Blätter gießen, denn es besteht „Verbrennungsgefahr".
Jauchen wirken durch ihren Stickstoffgehalt wie Flüssigdünger. Sie regen das Bodenleben an, fördern das Wachstum und stärken die Abwehrkräfte der Pflanzen.
Die wichtigsten „Jauchepflanzen" für den Kräuteranbau sind Brennnessel und Beinwell. Sie steigern Frosthärte und Widerstandskraft der damit versorgten Pflanzen. Unverdünnt über den Kompost gebraust, fördern sie den Rotteprozess. Beinwell-Jauche ist außergewöhnlich kalireich, eignet sich also vorzüglich zur Düngung von Wurzelkräutern!

Brühen werden gekocht

Für Brühen nehmen Sie 1 kg frische oder 200 g getrocknete Pflanzen und weichen sie 24 Stunden in 10 l Wasser ein. Dann werden sie bei schwacher Hitze 20–30 Minuten geköchelt. Zur besseren Handhabung bereiten Sie die Kräuterbrühe mit 2 l Wasser und füllen später auf 10 l auf. Die abgekühlte Brühe wird durch ein Feinsieb abgegossen, damit sich die Düsen der Druckspritze nicht verstopfen.
Typische Pflanzen für Brühen sind Schachtelhalm und Quecke (gegen Pilze), Rhabarberblätter (gegen Läuse), Wermut (gegen Läuse), Adler- und Wurmfarn (gegen Läuse) und Quassiaholz (alle Insekten).
Die wichtigste Brühe im Kräuteranbau ist die aus Acker-Schachtelhalm. Sie wird im Verhältnis 1:5 verdünnt auf die Pflanzen versprüht. Einmal pro Woche vorbeugend angewendet, wirkt die Brühe gegen Pilzkrankheiten. Bei akutem Befall ist die Wirkung ungenügend. Ebenfalls verwendbar sind die kieselsäurehaltigen Wurzelausläufer der Quecke.

Einladung zum Tee

Für eine Teespritzung benötigen Sie 200 g frische oder 30 g getrocknete Kräuter auf 10 l Wasser. Sie werden mit heißem Wasser übergossen, 15 Minuten ziehen gelassen und abgesiebt. Es ist sinnvoll, die Tees mit einer kleineren Wassermenge als angegeben anzusetzen und dann später auf die gewünschte

Rühren Sie täglich um, das fördert den Gärungsprozess und die Jauche wird schneller fertig.

Teespritzungen kann man gut bei Pflanzen einsetzen, die von ihren Bedürfnissen her nicht auf ein gemeinsames Beet passen, sich aber in ihren gegenseitigen Wirkungen doch gut tun würden. Regelmäßige Spritzungen können eine Mischkultur mit dieser Pflanze ersetzen.

Menge aufzufüllen. Intensives Rühren, während die Kräuter im Wasser ausziehen, erleichtert das Herauslösen der Wirkstoffe. Beim Besprühen der Pflanzen mit der Druckspritze ist darauf zu achten, dass auch die Unterseite der Blätter benetzt wird. Außerdem sollten Sie nur vormittags bei bedecktem Himmel spritzen, damit es keine Verbrennungen gibt und damit die Spritzbrühe abtrocknen kann.

Teespritzungen sollten ein bis zwei Mal wöchentlich durchgeführt werden. Teekuren für Kräuter können sehr gut ergänzt werden mit den unten beschriebenen Aromaspritzungen. Ausführliche Rezepturen für Teeanwendungen finden Sie im Serviceteil auf Seite 142/143.

Das Besprühen mit einer Brühe aus Acker-Schachtelhalm wird im Gegensatz zu anderen Spritzungen ausnahmsweise bei Sonnenschein vorgenommen.

Parfüm für Gartenkräuter

Das Spritzen mit stark verdünnten ätherischen Ölen hat verschiedene Auswirkungen auf die behandelten Pflanzen. So wird beispielsweise die Blühfreudigkeit erhöht oder die Widerstandsfähigkeit gegen Krankheiten und Schädlinge gestärkt. Interessant für den Kräuteranbau ist die Tatsache, dass damit die Aromaproduktion der besprühten Pflanzen angekurbelt wird. Deshalb ist es sinnvoll, Aromaspritzungen kurz vor der Ernte durchzuführen.

Gut geeignet sind Öle von Lavendel, Orange, Zitrone, Rosmarin, Minze, Thymian und Zitronen-Melisse. Als Spritzbrühenbasis dient Tee aus Kamille oder Brennnessel (30 g auf 10 l), in den vier bis fünf Tropfen ätherisches Öl verrührt werden. Das Öl muss in wenig Alkohol, Lecithin oder Milch emulgiert werden, damit es sich besser mit dem Wasser vermischt. Lecithin wirkt auch sehr gut gegen Pilzerkrankungen; es genügen schon 5 g auf 10 l Wasser. Mit einem feinen Sprüher werden die Pflanzen bei bedecktem Himmel tropfnass besprüht.

Das ätherische Öl des Lavendels wirkt gegen Pilze und fördert die Aromaproduktion der besprühten Pflanze.

Gut in Form und winterfit

Regelmäßiges Schneiden tut Kräutern gut. Ich unterscheide in Ernte- und Pflegeschnitt: Der Ernteschnitt findet zu dem Zeitpunkt statt, wenn die meisten Heilstoffe in den Kräutern gebildet werden (siehe Seite 78). Der Pflegeschnitt dient in erster Linie der Formerhaltung und Verjüngung der Pflanze.
Bei den einziehenden Stauden sterben die oberirdischen Teile ab. Dazu gehören beispielsweise Zitronen-Melisse, Johanniskraut, Pfefferminze, Schnittlauch und Roter Schein-Sonnenhut. Sie werden im Herbst oder Frühjahr bodennah zurückgeschnitten, die vertrockneten Triebe werden entfernt.
Halbsträucher, bei denen die Basis verholzt und die Triebe krautig bleiben, etwa Salbei oder Lavendel, benötigen vor dem Frühjahrsaustrieb einen kräftigen Pflegeschnitt. Idealer Zeitpunkt ist im April. Falls Sie die Blütezeit der Sträucher in voller Pracht genießen wollen, dann können Sie den Pflegeschnitt auch erst nach der Blüte durchführen (Lavendel, Thymian, Salbei). Dieser Schnitt sollte aber spätestens Ende Juni abgeschlossen sein. Grundsätzlich gilt: Je früher der Schnitt durchgeführt wird, desto verträglicher ist er für die Pflanze und desto tiefgreifender kann er durchgeführt werden.

Blätter und Blüten, die beim Pflegeschnitt anfallen, enthalten zwar nicht die höchstmögliche Wirkstoffmenge, denn Pflege und Ernte sind zu verschiedenen Zeiten optimal. Für ein duftendes Kräuterbad reicht das Aroma aber auf jeden Fall. Und ich finde, zum Wegwerfen sind diese Pflanzenteile viel zu schade.

Eine Verjüngungskur für Ihre Kräuter

Der Pflegeschnitt hat den Vorteil, dass die Sträucher in Form bleiben und zum Wachstum angeregt werden. Dazu werden die Kräuter im Frühjahr kräftig um mindestens ein Drittel zurückgeschnitten.
Ende August ist bei den Halbsträuchern der letzte Termin für einen Ernteschnitt, denn sowohl Schneiden als auch Düngen regen zu neuer Triebbildung an. Diese neuen Triebe hätten vor dem Winter keine Zeit mehr, die nötige Reife und somit Winterhärte zu erreichen. Dann kann es passieren, dass die Pflanze erfriert.

Bereit für den Winter

Alle in Mitteleuropa heimischen Kräuter kommen ohne Schutz durch den Winter. Auch viele Einwanderer aus anderen Regionen wie Anis-Ysop, Petersilie, Liebstöckel, Zitronen-Melisse und Oregano sind bei uns winterhart. Auch die strauchbildenden, immergrünen Mittelmeerkräuter wie Heiligenkraut, Salbei, Thymian und Lavendel vertragen durchaus Temperaturen bis −20 °C. Beim Rosmarin gibt es mittlerweile kältetolerante Sorten. Allerdings können auch sie in längeren Kältephasen eingehen. Das liegt meist daran, dass sie als Flachwurzler bei langen Frostperioden kein Wasser aus der gefrorenen Erde aufnehmen können und verdursten. Laubabwerfende Pflanzen haben dieses Problem nicht, da bei ihnen im Winter keine Fotosynthese stattfindet.
Immergrüne Gäste aus wärmeren Gefilden sollten Sie also vor allem im Wurzelbereich schützen. Sie freuen sich ab November über einen Wintermantel aus Stroh oder Laub. Vor

Das jährliche Schneiden ist für die strauchartigen Kräuter eine „Anti-Aging-Kur", die ihre Lebensdauer wesentlich verlängert.

allem Strohpackungen haben eine gute isolierende Wirkung. Sie können bis zu 20 cm dick sein und sollten die ganze Wurzelzone bedecken. „Nasse Füße" verkürzen die Lebenszeit der Südländer immens. Deshalb ist ein durchlässiger Boden der beste vorbeugende Winterschutz.

Oberhalb der Erde können Sie die Kräuter mit Fichten- oder Tannenreisig schützen. Die Zweige werden locker um die Pflanze gestellt und eventuell mit einer Schnur befestigt. Es entsteht ein wärmendes Luftpolster, das vor eisigen Winden schützt. Statt Reisig leistet auch Vlies gute Dienste.

Überwinterungsgäste im Haus

Manche Kräuter wie Griechischer Bergtee, nicht kältetoleranter Rosmarin, Lorbeer, Myrte oder Zitronenverbene sind nur bedingt winterhart. Sie können bestenfalls im Weinbauklima draußen überwintern. Dazu ist aber ein guter Winterschutz mit Stroh und Vlies nötig. In kälteren Regionen werden sie ausgegraben und in hellen, kühlen Räumen im Haus überwintert. Dabei wird nur sparsam gegossen. Ab April können die Pflanzen dann wieder ins Beet.

Wirkstoff & Geschmack konservieren

Nachdem Sie für Ihre Kräuter den besten Standort im Garten gefunden und sie gut gepflegt haben, sind gesunde Heil- und Würzkräuter herangewachsen. Sie haben in ihren Wurzeln, Blättern und Blüten viele Wirk- und Aromastoffe gespeichert. Diese besitzen zu einer bestimmten Zeit den optimalen Wirkstoffgehalt. Genau dann sollten Sie ernten, wenn Sie die Kräuter als Tee, Gewürz, Likör oder Tinktur konservieren wollen.

Zum richtigen Zeitpunkt ernten

Von den heilsamen und aromatischen Stoffen der Kräuter wollen wir möglichst viel in unseren Tees und Gewürzen haben. Dazu sollten wir den richtigen Erntezeitpunkt abpassen. Denn bei Heilkräutern ist es nicht anders als bei Obst und Gemüse, die erst zu einem ganz bestimmten Zeitpunkt reif werden und nur dann wirklich gut schmecken.

Für den täglichen Gebrauch in der Küche brauchen Sie es nicht so genau nehmen mit dem Erntezeitpunkt. Hier können Sie die Kräuter während der gesamten Wachstumszeit ernten.

Spearmint-Minze hat bei optimaler Erntezeit doppelt so viel ätherisches Öl in ihren Blättern als zum ungünstigsten Erntezeitpunkt!

Der jahreszeitliche Ernterhythmus

Der jahreszeitliche Rhythmus der Sonne steuert die Stoffwechselprozesse in den Pflanzen. Die Wirkstoffe in den Heilpflanzen verändern sich während der pflanzlichen Entwicklung beständig, sowohl in der Qualität als auch in der Menge. Die Wirkstoffschwankungen vom günstigsten zum ungünstigsten Erntezeitpunkt sind erstaunlich!

Die richtigen Erntezeitpunkte lassen sich schwer in Monaten oder Jahreszeiten angeben, da es in Mitteleuropa große klimatische Unterschiede gibt. Deshalb liest man die günstigste Erntezeit an den Entwicklungsstadien der Pflanze ab. Man orientiert sich dabei an den sogenannten phänologischen Merkmalen seiner Region, beispielsweise dem Beginn der Blüte. Jede Pflanze hat irgendwo zwischen Vegetationsbeginn und -ende einen optimalen Erntezeitpunkt. Bei manchen Pflanzen kann der von uns gewünschte Wirkstoff schon vor der Knospenbildung in großer Menge vorliegen, bei anderen erst im Stadium der Vollblüte, bei wieder anderen erst bei der Samenreife.

Blüten und Samen verraten die Erntezeit

Die Zitronen-Melisse besitzt vor der Knospenbildung einen wunderbaren Zitronenduft. Sobald aber ihre Blüten erscheinen, gehen Duft und Heilkraft fast komplett verloren. Ihr Geruch wird sogar unangenehm, weshalb sie im Volksmund früher auch den Namen „Wanzenkraut“ trug.

Dagegen besitzen alle Minzen bei Blühbeginn das meiste und qualitativ beste ätherische Öl. Die sich wandelnde Ölqualität können wir selbst entdecken: Die Minze riecht nach dem Austrieb im Frühling eher unangenehm,

während sie bei Blühbeginn im Juli mit ihrem frischen Duft begeistert. Von Blühbeginn spricht man, wenn sich an der Pflanze erst wenige Blüten geöffnet haben. Bei vielen Lippenblütlern (siehe Beispiele auf Seite 61) ist genau zu diesem Zeitpunkt der Gehalt an ätherischen Ölen am höchsten.
Andere Heilpflanzen erreichen erst in der Vollblüte den höchsten Gehalt an Wirkstoffen. Von der Vollblüte spricht man, wenn der Hauptblütenstand der Pflanze voll erblüht ist und die ersten Blüten schon verwelkt sind.
Der Provence-Lavendel wird in den Anbaugebieten erst zur Vollblüte geschnitten, wenn ein Drittel der Blüten an der Ähre schon verwelkt sind. Nur dann besitzt das Öl die richtige Reife; zu früh geernteter Lavendel liefert ein ätherisches Öl, das Fachleute als „dünn" und „ohne Körper" klassifizieren.
Bei anderen Pflanzen, z. B. Fenchel oder Anis, zeigt die Samenreife den besten

Basilikum entwickelt während der Blüte das intensivste und feinste Aroma in allen Pflanzenteilen. Die Blüten können Sie selbstverständlich mitverwenden.

Wann ist 's soweit?

Ernte vor Knospenbildung: Bärlauch, Dill, Kerbel, Liebstöckel, Löffelkraut, Petersilie, Schnittlauch, Zitronen-Melisse.

Ernte mit Knospenbildung: Beifuß, Brennnessel, Estragon, Löwenzahnkraut, Schabzigerklee, Zitronenverbene.

Ernte mit Blühbeginn: Bergminze, Bohnenkraut, Goldrute, Katzenminze, Majoran, Minzen, Rosmarin, Salbei, Spitz-Wegerich, Steinklee, Thymian, Waldmeister, Weidenröschen, Weißdorn, Ysop.

Ernte zur Vollblüte: Andorn, Anis-Ysop, Basilikum, Dost, Drachenkopf, Frauenmantel, Hanf, Holunderblüte, Indianernessel, Johanniskraut, Kamille, Lavendel, Oregano, Ringelblume, Roter Schein-Sonnenhut, Schafgarbe.

Ernte zur Samen- bzw. Fruchtreife (Vollreife): Anis, Bockshornklee, Echter Kümmel, Fenchel, Hagebutte, Heidelbeere, Holunderbeere (nur gekocht verwenden), Koriander, Leinsamen, Mariendistel, Nachtkerze, Sanddorn, Schwarzkümmel.

Erntezeitpunkt an. Bei Doldenblütlern reifen die Samen an der Pflanze unterschiedlich, weshalb Sie immer nur die reifen Dolden herausschneiden sollten.

Die Kraft der Wurzeln nutzen

Die Wurzelkräuter werden in der Regel erst im Spätherbst geerntet, also Mitte Oktober bis Mitte November. In dieser Ruheperiode sind die ganzen Wirkstoffe im Wurzelbereich gespeichert. Zu den Wurzelkräutern zähle ich alle Pflanzen, von denen die unterirdischen Pflanzenteile geerntet werden.

Besonders stärke- und schleimhaltige Wurzeln haben im Herbst die meisten Wirkstoffe, also ist dann der beste Zeitpunkt. Pflanzen, die gleich nach der Samenreife absterben, etwa die Engelwurz, müssen etwas früher geerntet werden, weil im Herbst in der Wurzel schon Zersetzungsprozesse beginnen. In diesem Fall sollten Sie ernten, bevor die Blätter absterben und der Samen ausreift. Das kann je nach Klima schon Ende Juli sein. Bei der Engelwurz kann man mit einem Trick die Natur überlisten, um im günstigen Spätherbst die Wurzeln zu ernten. Dazu entfernen Sie die Blütenstände im zweiten Standjahr frühzeitig, damit die Pflanze keine Samen ansetzen kann. So wird der Wurzelkörper kräftiger ausgebildet und die „Lebenszeit“ der Pflanze verlängert sich.

Bei den bitterstoffhaltigen Wurzelkräutern sind die gewünschten Inhaltsstoffe im Frühjahr stärker vertreten. In Löwenzahnwurzeln beispielsweise sind im zeitigen Frühjahr (März) erheblich mehr Bitterstoffe enthalten als im Herbst.

Auch Enzianwurzeln besitzen im Frühjahr einen höheren Bitterstoffgehalt als im Herbst. Für die Schnapsbrennerei wird die Enzianwurzel allerdings erst nach der Blüte im September geerntet, weil dann der für die alkoholische Gärung nötige Gehalt an Speicherzucker am höchsten ist. Somit gilt bei den bitterstoffhaltigen Wurzeln: für Heilzwecke im Frühjahr, für Genusszwecke im Herbst ernten.

Meerrettich sollten Sie im Herbst ernten. Er wird schon lange als „natürliches Antibiotikum“ geschätzt.

Wann ernte ich Wurzeln?

im Spätherbst: Alant, Baldrian, Beinwell, Bibernelle, Blutwurz, Brennnessel, Eibisch, Engelwurz, Liebstöckel, Meerrettich, Quecke, Süßholz.

im zeitigen Frühjahr (März): Enzian, Löwenzahn, Wegwarte.

Fenchel

Tausendgüldenkraut

Blutwurz

Wie Heilpflanzen wirken

Ätherische Öle sind in allen duftenden Pflanzen enthalten und werden vor allem um die Mittagszeit produziert. Sie wirken keim- und endzündungshemmend, krampflösend, beruhigend und auswurffördernd. Sie beeinflussen auch unser Wohlbefinden. Typische Pflanzen mit ätherischen Ölen sind Fenchel (Foto o. li.), Kamille, Pfefferminze, Rose oder Thymian.

Bitterstoffe werden überwiegend nachmittags produziert und schmecken namensgemäß bitter. Sie fördern die Ausschüttung von Verdauungssäften. Deshalb wirken sie appetit- und stoffwechselanregend sowie verdauungs- und gallenflussfördernd. Vertreter der bitteren Fraktion sind Enzian, Löwenzahn, Tausendgüldenkraut (Foto o. M.) und Wermut.

Gerbstoffe sind im Sommer am stärksten in den Pflanzen enthalten. Sie wirken zusammenziehend, austrocknend, keimhemmend und blutstillend. Meist werden sie äußerlich auf der Haut oder im Mund- und Rachenraum verwendet. Gerbstoffhaltig sind Blutwurz (Foto o. re.), Brombeere, Eiche und Frauenmantel.

Schleimstoffe können Wasser binden und quellen dadurch auf. Deshalb besitzen sie eine einhüllende, reiz- und entzündungslindernde Funktion. Außerdem wirken sie entgiftend. Schleimstoffpflanzen sind Eibisch, Malve, Spitz-Wegerich und Königskerze (Foto u. li.).

Flavonoide sind gelblich-orange Pflanzenfarbstoffe, die in der Pflanzenwelt sehr häufig vorkommen. Sie sorgen dafür, dass die Pflanzen nicht durch das UV-Licht „verbrennen". Aus diesem Grund sind sie vor allem nachmittags bei hoher UV-Einstrahlung vertreten. Im menschlichen Körper wirken sie vielfältig: z. B. entzündungshemmend, zellschützend, entwässernd oder schweißtreibend. Goldrute (Foto u. re.), Holunder und Ringelblume enthalten Flavonoide.

Königskerze

Goldrute

Himbeer- und Brombeerblätter enthalten im Juli und August die meisten Gerbstoffe. Für einen wohlschmeckenden Haustee pflückt meine Frau die jungen Blätter im Frühling.

Flavonoide gegen Sonnenbrand
Im Frühjahr dominieren die Flavonoide (siehe auch Seite 81), die die jungen Blätter vor dem aggressiven UV-Licht schützen sollen. Viele Pflanzen enthalten bei Blühbeginn ein Maximum an Flavonoiden. Deshalb werden Blätter von Bäumen und Wildkräutern, beispielsweise Birke und Brennnessel, gerne im Frühjahr (April–Mai) gesammelt, wenn sie noch ganz jung sind. Sie eignen sich dann gut für reinigende Frühjahrskuren.

Gerbstoffe gegen Fraßfeinde
Gerbstoffe (siehe auch Seite 81) werden erst später im Jahr in die Blätter eingelagert. Wenn also viele Gerbstoffe erwünscht sind, dann sollten Sie erst im Sommer ernten. Eichen- und Walnussblätter haben im August den höchsten Gerbstoffgehalt. Salbei zählt auch zu den Gerbstoffpflanzen, hat also im Sommer einen besonders hohen Gerbstoffgehalt. Allerdings enthält er in seinen Blättern auch die heilsamen ätherischen Öle, die wiederum bei Blühbeginn besonders konzentriert sind. Wer sowohl die antiseptischen Öle als auch die adstringierenden Gerbstoffe nutzen will, muss also zweimal ernten: im Mai und im August.

Der tageszeitliche Ernterhythmus

Die Wirkstoffe in den Heilpflanzen unterliegen jedoch nicht nur jahreszeitlichen Schwankungen, sondern auch tageszeitlichen Veränderungen. Der Zeitpunkt des höchsten Wirkstoffgehaltes ist gleichzeitig der günstigste Erntezeitpunkt.
Wir orientieren uns dabei an jenen Stoffen, die wir als Arznei verwenden, also ätherische Öle, Bitterstoffe, Flavonoide, Gerbstoffe oder Alkaloide. Geerntet wird zu der Tageszeit, wo der Hauptwirkstoff besonders stark vertreten ist. Alle Zeitangaben, die nachfolgend genannt werden, orientieren sich an der Sommerzeit, da die Heilkräuterernte hauptsächlich in die Zeitumstellung fällt.

Wurzeln vor Sonnenaufgang
Wurzelkräuter wie Engelwurz oder Löwenzahn, aber auch Wurzelgemüse wie Karotten werden sehr früh morgens geerntet, da viele Wirkstoffe während der Nacht in die Wurzeln

wandern. Gegen 4.00 Uhr morgens konzentrieren sich sehr viele Wirkstoffe in den Speicherorganen. Dann wird die Aktivierung des Fotosynthese-Apparates vorbereitet und mit der Morgendämmerung beginnen die Stoffwechselprozesse in den oberen Pflanzenteilen.
Nun haben wir aber das Glück, dass die meisten Heilpflanzenwurzeln im Spätherbst geerntet werden. Zu dieser Jahreszeit ist das Blattwerk abgestorben und es findet keine Fotosynthese mehr statt. Die frühe Erntezeit gilt also nur für den Zeitraum der Wachstumsperiode. Wer im Frühjahr oder Sommer eine Wurzel benötigt, muss vor Sonnenaufgang aus den Federn!

Duftendes zur Mittagszeit

Kräuter, die ätherische Öle enthalten, sollten Sie in den Mittagsstunden ernten. Dazu gehören alle Heilpflanzen, die sich durch einen intensiven Duft auszeichnen. Die Ölproduktion hat ihren Tageshöhepunkt zwischen 13.00–14.00 Uhr, gegen Abend nimmt der Gehalt immer mehr ab. Die Ölbildung in den Pflanzen erreicht mittags zwar ein Optimum, allerdings verdunsten sie bei großer Hitze. Die ätherischen Öle erfüllen nämlich auch eine Kühlfunktion: Mit der entstehenden Verdunstungskälte schützen sie die Pflanze vor Überhitzung. Deshalb bringen etwas kühlere, bewölkte Tage ein besseres Ernteergebnis als heiße, sonnige Tage.

Bei uns wird die Damaszener-Rose an bewölkten Tagen zur Mittagszeit geerntet und dann zum Trocknen ausgelegt.

Bitteres am Nachmittag

Auch nachmittags haben Kräutersammler etwas zu tun: Die bitterstoffhaltigen Blattkräuter haben zwischen 15.00 und 17.00 Uhr den höchsten Bitterwert. Dazu gehören z.B. Andorn, Beifuß, Herzgespann, Hopfen, Löwenzahnkraut, Tausendgüldenkraut und Wermut.

Kräuter, die vorwiegend Flavonoide enthalten, produzieren dann ebenfalls die meisten Wirkstoffe. Dazu gehören z.B. Arnika, Birke, Goldrute, Mariendistel und Weißdorn.

Beerentragende Früchte, die in der Heilkunde Anwendung finden, wie Heidelbeeren, Holunderbeeren, Schlehen und Sanddorn, werden ebenfalls nachmittags geerntet. Ab 17.00 Uhr wird nicht mehr geerntet, denn nun beginnen allmählich die Rückbildungsprozesse in den Wurzelbereich.

Blütenernte gemäß Lebensdauer

Da Blütenpflanzen ihre Blüten nach und nach öffnen, erstreckt sich die Ernteperiode über mehrere Wochen. Viele Einzelblüten entfalten sich nur für die Dauer von wenigen Stunden, um dann abzufallen (Königskerze, Malve, Mohn). Sie müssen täglich geerntet werden. Andere Blüten, wie Lavendel, Schafgarbe und Ringelblume, sind langlebiger und benötigen mehrere Tage zum Abblühen. Bei Ringelblumen genügt es deshalb, ein bis zwei Mal wöchentlich die voll entfalteten Blüten zu ernten.

Das regelmäßige Pflücken der Blüten regt übrigens die Blühfreude der Pflanzen an und steigert somit den Ertrag. Die Pflanzen möchten sich nämlich reproduzieren und müssen dazu möglichst viele Samen ausbilden. Da dies durch das Abernten verhindert wird, verlängern die Pflanzen ihre Blühzeit.

An einer einzigen Königskerze kann ich jeden Morgen bis zu 200 Blüten ernten.

Linnés Blütenuhr funktioniert nur von 6 bis 18 Uhr.

Eine Uhr aus Blüten

Die Blütenkräuter sind besonders mit der Sonne verbunden. Viele Blütenkräuter öffnen und schließen ihre Blüten zu genau festgelegten Tages- oder Nachtzeiten; und zwar alle gemeinsam. Dies hat schon den schwedischen Botaniker Carl von Linné (1707–1778) dazu inspiriert, eine Blütenuhr zu entwickeln. Auf kuchenstückförmige Einteilungen pflanzte er Frühaufsteher und Langschläfer. Am Öffnen und Schließen der Blütenkelche konnte man dann die genaue Tageszeit ablesen. So öffnen sich beispielsweise der Löwenzahn und die Königskerze ab 6.00 Uhr und die Nachtkerze erst ab 19.00 Uhr. Allerdings ist das „Ticken" der Blütenuhr von Klimazone, Jahreszeit und Blumensorte abhängig. Linnés historische Uhr entspricht dem Klima Schwedens und berücksichtigt auch keine Sommerzeit. So muss jeder, der „Floras Uhr" nachbauen möchte, den Blührhythmus vor seiner eigenen Haustür erkunden. Auch das Wetter kann die Uhr durcheinanderbringen, denn an kalten, regnerischen Tagen bleiben viele Blüten geschlossen. Ein vernünftiges Arrangement mit den Bienen, die dann auch lieber zu Hause bleiben.

Während Linnés Blütenuhr eine ungefähre Angabe der Tageszeit ermöglicht, geht es bei der oben stehenden Ernteuhr um die optimale Erntezeit. Im angegebenen Zeitfenster sind die gewünschten Heilstoffe in großer Menge vertreten.

4.00 – 5.00 Uhr: Heilkräuter, bei denen man die Wurzeln nutzt (z. B. Enzian oder Löwenzahn).

9.00 – 10.00 Uhr: Heilkräuter, bei denen man die Rinde erntet (z. B. Weide); Blüten, die sich früh morgens öffnen und schnell vergehen (z. B. Königskerzenblüten, Klatschmohnblüten, Wegwartenblüten).

10.00 – 11.00 Uhr: Heilkräuter mit ätherischen Ölen, falls an heißen sonnigen Tagen geerntet werden muss (Verdunstungsverluste!).

13.00 – 14.00 Uhr: Heilkräuter mit ätherischen Ölen an bewölkten, trockenen Tagen (beste Erntezeit); Blüten, die mittags optimal geöffnet sind (Arnika, Johanniskraut, Kamille und Ringelblume).

15.00 – 17.00 Uhr: Heilkräuter mit Flavonoiden, Bitterstoffen, Senfölen oder Cumarinen; Heilkräuter, bei denen Samen und Früchte genutzt werden.

19.00 – 21.00 Uhr: Blüten von Nachtduftern (z. B. Jasmin, Nachtkerze).

Übrigens gibt es auch Blütenpflanzen, die sich über den ganzen Tag verteilt öffnen, also nicht gemeinsam erblühen. Dazu gehören die Malve oder die Stockrose, die deshalb über den ganzen Tag gepflückt werden können.

Schonend ernten

In der Industrie werden Kräuter maschinell geerntet und anschließend kleingehäckselt. Am Ende der langen Produktionskette steht dann meist ein Teebeutel. In meiner Kräutermanufaktur wird ausschließlich von Hand geerntet. Blüte für Blüte oder Blatt für Blatt wird sorgfältig gepflückt. Diese Blütenauslese ist eine der schönsten Tätigkeiten. Hierdurch öffnet sich ein Zugang zur Pflanze, der mit Maschinen nicht denkbar wäre.

Beste Auslese durch Handarbeit

Die Blattkräuter werden von Hand geschnitten, die Blätter anschließend von den Stielen gestreift. Wenn sich die Blätter noch im grünen Zustand befinden, entstehen an der Pflanze kaum Verletzungen. Die sorgfältige Ernte hat natürlich einen Grund: Je stärker das Erntegut bearbeitet wird, desto höher sind die Verluste an wertvollen Inhaltsstoffen. Bei Pflanzen, die ätherische Öle enthalten, werden beim Zerkleinern die empfindlichen Ölzellen beschädigt und eine große Menge der wertvollen Duftstoffe geht verloren. Außerdem setzt jede Verletzung an der Pflanze Abbauprozesse in Gang. Optisch gut sichtbar sind solche Oxidationsverluste bei Spitz-Wegerich, Königskerzenblüten und Zitronen-Melisse, die sich an Druck-, Quetsch- und Verletzungsstellen schwarz verfärben. Ein weiterer Vorteil der Ernte in Handarbeit ist die Tatsache, dass unschöne, schmutzige oder kranke Blätter sowie Schädlinge rechtzeitig erkannt werden. Maschinen dagegen sortieren bei der Ernte und Verarbeitung nichts aus. Unzerkleinerte Kräuter sind auch wesentlich länger lagerbar als kleingehäckseltes Erntegut. Wie kleine „Konservendosen" schützen sie die wertvollen Wirkstoffe und können deshalb problemlos zwei Jahre aufbewahrt werden.

Eine meditativere Arbeit als das vorsichtige Pflücken der Blüten mit der Hand kann ich mir kaum vorstellen.

Farben und Düfte erhalten

Das Trocknen ist die älteste Art der Kräuterkonservierung. Durch Wasserentzug werden die Kräuter haltbar gemacht. Richtiges Trocknen entscheidet darüber, wie viele der in der frischen Pflanze enthaltenen Wirkstoffe erhalten werden können.
Kräuter werden vor dem Trocknen nicht gewaschen, sondern lediglich von schmutzigen und kranken Blättern befreit. Beim Waschen würden die mit ätherischem Öl gefüllten Zellen beschädigt, was das Aroma beeinträchtigt. Eine Ausnahme machen hierbei die Wurzeln; sie sollten vor dem Trocknen gewaschen werden.

Hohe Temperaturen schaden

Die idealen Trockentemperaturen liegen zwischen 30 und 40 °C. Bei höheren Temperaturen verflüchtigen sich die ätherischen Öle, die Aroma und Wirkung vieler Teekräuter bestimmen. Bei zerkleinerten Kräutern wird dieser Verdunstungsprozess durch die beschädigten Ölzellen noch begünstigt.
Mit den Temperaturen hängt auch die Trockendauer zusammen. Gleich nach der Ernte beginnen im Erntegut die biochemischen Abbauprozesse. Schnelles Trocknen soll verhindern, dass die Pflanzenenzyme mit der Zersetzungsarbeit beginnen – je stärker die

Meine Tochter und ich streifen die Blätter vorsichtig von den Stängeln, damit sie nicht beschädigt werden – und nebenbei plaudern wir über Dinge, für die sonst wenig Zeit ist.

Zerkleinerung, desto schneller fermentieren die Kräuter. Außerdem erhält man so am besten Aroma und Farbe der Kräuter. Schnelles Trocknen heißt, dass die Kräuter in drei bis vier Tagen „bruchtrocken" sein sollten. Das heißt, richtig getrocknete Pflanzen „rascheln" oder „knistern" und können zu Pulver zerrieben werden. Die Blatt- und Blütenstiele müssen sich brechen lassen und dürfen nicht mehr elastisch sein. In der Regel ist schnelles Trocknen nur mit künstlicher Trocknung möglich, vor allem bei feuchter Witterung.

Natürliche Trocknung: Bei lange andauernden Schönwetterperioden im Sommer kann man auf natürliche Weise trocknen. Gut geeignet sind Speicher und Dachböden ohne Isolierung und mit guter Durchlüftung. Das Trockengut kann dort auf dem Boden in dünner Schicht ausgebreitet werden. Noch besser sind bespannte Holzrahmen, denn dann wird das Trockengut auch von unten belüftet. Gutes Bespannungsmaterial ist Fliegengaze aus Baumwolle, Jute oder Drahtgewebe. Eine Behelfsvorrichtung wäre ein Wäscheständer, über den ein dünnes Tuch gelegt wird. Ab und zu müssen Sie das Trockengut etwas auflockern. Bei natürlicher Lufttrocknung darf die Trockenzeit nicht länger als zehn Tage dauern, sonst kommt es zu Wirkstoffverlusten durch die fortschreitende Fermentation.

Künstliche Trocknung: Es gibt Pflanzen, die sehr schnell trocknen, z.B. Brennnessel, Minze oder Zitronen-Melisse. Andere Kräuter geben das Wasser nur langsam ab und brauchen wesentlich länger. Dazu zählen Basilikum, Salbei und Ringelblume mit Kelch. Problematisch beim Trocknen sind vor allem Wurzeln von Engelwurz, Eibisch und Königskerzenblüten. Sie ziehen die Luftfeuchtigkeit wie ein Schwamm an. Hier ist künstliche Trocknung und anschließende luftdichte Lagerung unbedingt erforderlich, sonst kommt es zur Zersetzung der Inhaltsstoffe. Außerdem haben Schimmelpilze ein leichtes Spiel. Vorteil der künstlichen Trocknung: Sie sind unabhängig von der Witterung.

Künstlich trocknen – aber wie?

Wollen Sie sich keinen Trockengerät kaufen oder selbst konstruieren, können Sie auch auf den Backofen zurückgreifen. Das erfordert etwas Fingerspitzengefühl, denn die Temperatur soll nicht über 40 °C steigen (Thermometer). Außerdem sollten Sie immer wieder die abdampfende Feuchtigkeit aus dem Ofen lassen.

Ich trockne meine Kräuter im selbst gebauten Trockenturm mit Wärmezufuhr, aber es gibt auch Trockengeräte zu kaufen. Auf Seite 146 habe ich einige Adressen zusammengestellt.

Licht zerstört Wirkstoffe

Kräuter müssen beim natürlichen Trocknen vor Sonneneinstrahlung geschützt werden. Sonst bleichen sie aus und verlieren ihre Farben- und Heilkraft. Viele pflanzliche Farbstoffe sind gleichzeitig Heilstoffe. Richtig getrocknete Tees haben kräftige Farben, daran lässt sich die Heilkraft der Kräuter erkennen. Leider findet man solche Kräuter im Handel äußerst selten. Die Kunst des guten Trocknens besteht darin, die natürliche Farbe der Kräuter zu erhalten. Richtiges Trocknen findet deshalb im Schatten statt – je dunkler die Räume, desto besser das Ergebnis.

Ein laues Lüftchen

Beim Trocknen von Kräutern sollten Sie für eine gute Durchlüftung sorgen, damit frei werdende Feuchtigkeit entweichen kann. Sonst bildet sich im Trockengut ein feuchter Wärmestau, der die Ernte verderben lässt. Auf alten Scheunen und Speichern ist die Durchlüftung in der Regel kein Problem, sondern eher in luftdicht isolierten Neubauten. Je schlechter die Durchlüftung, desto dünner und luftiger muss das Trockengut ausgebreitet werden, am besten Blatt neben Blatt und Blüte neben Blüte. Bei Bedarf ist vorsichtig zu lockern oder zu wenden.

Dunkel, trocken und kühl lagern

Die getrockneten Kräuter müssen nun richtig gelagert werden. Dazu werden sie locker in Behälter geschichtet. Der Behälter sollte **Schutz vor Licht** bieten, denn auch nach der Trocknung können durch das Licht Wirkstoffe geschädigt werden. Gut eignen sich Schraubgläser aus Braunglas.

Wichtig ist auch **luftdichtes Verschließen** der Behälter. Dies ist bei Feuchtigkeit aufnehmenden Pflanzen (Königskerze, Eibisch) unbedingt erforderlich. Sie würden sonst in kürzester Zeit verderben. Bei luftdicht verschließbaren Behältern ist es allerdings ganz wichtig, dass die Kräuter wirklich richtig trocken sind. Sonst beginnen sie zu schimmeln, erkennbar am muffigen Geruch. In trockenen Räumen ist die Lagerung in Baumwoll- und Papiersäcken oder in Kartons möglich, ideal wäre eine Luftfeuchtigkeit unter 50 %.

Untersuchungen haben gezeigt, dass Kräuter bei **kühler Lagerung** am besten die Wirkstoffe behalten. Hohe Temperaturen beschleunigen auch während der Lagerung Abbauprozesse und setzen ätherische Öle frei. Außerdem begünstigt Wärme die Entwicklung von Motten.

Die Dörrobstmotte (und vor allem deren Raupe) ist der wichtigste Lagerschädling bei Kräutern. Ein Befall ist erkennbar an den Gespinsten und Verklumpungen, die Kräuter hängen wie mit Spinnweben verwoben zusammen. Lagern Sie die Kräuter am besten unter 16 °C, dann haben die Motten kaum Chancen.

Hier sehen Sie die frischen Malvenblüten auf dem oberen Rahmen liegen, darunter die getrockneten. Die Farben sind kräftig; das zeigt, dass alle Wirkstoffe erhalten blieben.

Nach dem Einfüllen der Kräuter sollten Sie die Gläser mit dem Namen der Pflanze und dem Erntezeitpunkt beschriften.

Rezepte für Wellness & Würze

Die Kunst, gute Heilmittel herzustellen, beginnt bei der Rohstoffauswahl. Nur mit hochwertigen Rohstoffen können Sie gute Endprodukte produzieren. Deshalb ist es ganz wichtig, auf beste Qualität zu achten. Für die Kräuter aus Ihrem Garten bedeutet dies, sie zum optimalen Zeitpunkt zu ernten und schonend weiterzuverarbeiten, um von möglichst vielen Wirk- und Aromastoffen zu profitieren.

Die Kunst des Teemischens

Eine gute Teemischung sollte nicht mehr als neun Zutaten enthalten, damit die Wirkung übersichtlich bleibt und die einzelnen Zutaten in einer „arzneilich wirksamen Dosis“ vorhanden sind.
Zum Mischen eines Heiltees ist es wichtig, dass Sie zuerst die Wirkungsrichtung festlegen. Soll der Tee beruhigend, hustenlösend, schweißtreibend, menstruationsfördernd, entspannend oder harntreibend sein? Die Wirkungsrichtung muss aber nicht zwangsläufig medizinisch ausgerichtet sein, denn Tee trinken kann auch Wellness und Genuss bedeuten. In diesem Fall bestimmen Sie ein Wellnessthema (z.B. Liebestee, Erfrischungstee) oder eine Geschmacksidee (zitronig, minzig).

Die Kunst des Teemischens besteht darin, die richtigen Pflanzen zusammenzubringen.

Basispflanzen geben die Richtung vor

Zunächst suchen Sie für die Teemischung ein bis zwei Basispflanzen aus, die als Hauptwirkstoffträger die angestrebte Wirkung oder Geschmacksrichtung bestimmen. Bei der Wirkungsrichtung Husten wären Spitz-Wegerich und Thymian gute Basispflanzen. Die Basismittel sollten 40–50 % der gesamten Mischung ausmachen. Die Basis wird nun durch weitere „Hilfspflanzen“ ergänzt. Man bezeichnet sie als Füllpflanzen, Aromapflanzen und Schmuckpflanzen.

Füllpflanzen halten die Mischung zusammen

Füllpflanzen sollen dem Tee Volumen geben und die Mischung zusammenhalten, vor allem wenn schwere und kleine Zutaten enthalten sind (z.B. Fenchel, Süßholz). Diese würden ohne Füllpflanzen der Schwerkraft folgend nach unten rutschen, der Tee würde sich entmischen. Füllpflanzen besitzen viel Blattmasse und oft auch eine starke Blattbehaarung. So können sie eine Mischung verbinden. Ein Beispiel für eine Füllpflanze im Hustentee wäre die Lindenblüte, die aufgrund ihrer Schleimstoffe reizlindernd wirkt und durch ihre großen Tragblätter dem Tee Volumen gibt. Pro Mischung werden ein bis zwei Füllpflanzen verwendet.

Aromapflanzen bringen den Duft

Aromapflanzen sollen den Geschmack einer Mischung verbessern. Dazu nutzt man Pflanzen mit ätherischen Ölen, wie Zitronen-Melisse, Pfefferminze oder Dost. Mit ihren feinen Aromen können sie weniger gut schmeckende Mischungs-Zutaten verträglich machen. Pro Mischung werden ein bis zwei Aromapflanzen verwendet. Die Aromapflanzen sollten sich an der Wirkung der Basispflanzen orientieren.

Kornblume, Sonnenblume, Malve und Ringelblume (von links nach rechts) bringen Farbe in Ihren Tee.

Schmuckpflanzen liefern die Farbtupfer

Sie dienen vorrangig der Verschönerung des Tees. Gerne nimmt man dazu Blüten wie Kornblume, Ringelblume oder Malve. Diese Blüten haben nicht nur eine optische Wirkung, sondern auch eine Heilwirkung. Auch Schmuckpflanzen werden immer mit der gleichen Wirkungsrichtung wie das Basismittel ausgesucht. Beim Hustentee wären dies beispielsweise Malve oder Königskerze. Es werden nicht mehr als zwei bis drei Schmuckpflanzen pro Mischung verwendet.

Die Blüten haben nicht nur eine positive Wirkung durch die in ihnen enthaltenen Wirkstoffe, sondern auch durch ihre leuchtenden Farben. Deren Einfluss auf den Heilungsprozess sollte man nicht unterschätzen! Die positive Wirkung der Farben auf die Psyche kann man schon beim Pflücken der Blüten im Garten erleben.

Wie Farben auf uns wirken

Farben wirken auf unser Unterbewusstsein, ohne dass wir es merken. Sie können uns aufmuntern oder erheitern, aber auch deprimieren.

Rot wirkt anregend, belebend, stärkend und wärmend. Zuviel Rot kann allerdings überreizen. Rote Heilblüten sind Klatsch-Mohn, Indianernessel, Rosen, Rot-Klee, Stockrosen und Roter Schein-Sonnenhut.

Orange wirkt stimulierend, aufmunternd und antidepressiv. Ringelblume, Kalifornischer Mohn, Kapuzinerkresse und Studentenblumen sind Vertreter dieser Gruppe.

Gelb ist eine positive Farbe. Sie hellt das Gemüt auf und vermittelt Lebensfreude. Gelbe Heilblüten finden wir bei Goldrute, Huflattich, Johanniskraut, Königskerze, Nachtkerze, Schlüsselblume, Sonnenblume, Wundklee und Leinkraut.

Blau und Violett wirken beruhigend, entspannend und konzentrationsfördernd. Blaue und violette Blüten besitzen Borretsch, Dost, Malve, Kornblume, Lavendel, Veilchen, Wegwarte und Ysop. Zuviel Blau kann durch seine „kalte“ Wirkung auch trübe Stimmung verursachen.

Welches Heilkraut für welche Aufgabe?

Pflanze	Basis-pflanze	Füll-pflanze	Aroma-pflanze	Schmuck-pflanze
Anis-Ysop	×	×	×	–
Baldrian	×	–	–	–
Basilikum	×	×	×	–
Bohnenkraut	×	–	×	–
Dost	×	–	×	×
Fenchel	×	–	×	–
Frauenmantel	×	×	–	–
Indianernessel	×	–	×	–
Johanniskraut	×	–	–	×
Kamille	×	–	×	×
Königskerze	–	–	–	×
Kornblume	–	–	–	×
Lavendel	×	–	×	×
Lindenblüte	×	×	×	–
Malve	–	–	–	×
Pfefferminze	×	×	×	–
Ringelblume	×	–	–	×
Rosenblüte	–	–	×	×
Rosmarin	×	–	×	–
Salbei	×	×	×	–
Schafgarbe	×	–	×	–
Spitz-Wegerich	×	×	–	–
Thymian	×	–	×	–
Zitronen-Melisse	×	×	×	–
Zitronen-verbene	×	×	×	–

Das 1 × 1 des Mischens

Eine gut zusammengestellte Teemischung enthält:

- 40–50 % Basispflanzen (1–2 verschiedene Kräuter),
- 20 % Aromapflanzen (1–2 verschiedene Kräuter),
- 15–20 % Schmuckpflanzen (2–3 verschiedene Kräuter) und
- 15–20 % Füllpflanzen (1–2 verschiedene Kräuter).

Das sind pro Mischung maximal neun Pflanzen. Eine Pflanze kann in einer Teemischung natürlich mehrere Funktionen erfüllen. Ideal ist es, wenn Schmuckpflanzen, Füllpflanzen und Aromapflanzen mit der Basispflanze identisch sind. Dann haben wir mit wenigen Zutaten eine heilkräftige, wohlschmeckende und schön aussehende Mischung.

Mein Lieblings-Hustentee

Aus 30 g Blättern des Spitz-Wegerichs, 20 g Thymianzweigen, 15 g Dost, 15 g Lindenblüten, 10 g Malvenblüten und 10 g Königskerzenblüten können Sie einen wohltuenden Hustentee mischen. 3–4 g davon ergeben 1 l Tee.

Der Tee wurde nach den beschriebenen Mischkriterien zusammengestellt, wobei einzelne Pflanzen mehrere Funktionen erfüllen: Der Spitz-Wegerich ist Basis- und gleichzeitig Füllpflanze, Thymian ist Basis- und Aromapflanze. Dost und Lindenblüten dienen als Aromapflanzen, Linde zusätzlich auch als Füllpflanze. Eine Beetbepflanzung für diese Teemischung finden Sie auf Seite 22.

Frauen-Wohlfühltee

Aus 30 g Frauenmantel, 20 g Schafgarbe, 15 g Blättern der Zitronen-Melisse, 15 g Kamille, 10 g Rosenblüte und 10 g Gänse-Fingerkraut können Sie einen menstruationsregulierenden Tee mischen. 3–4 g davon ergeben 1 l Tee.
Auch dieser Tee orientiert sich an den beschriebenen Mischkriterien. Die sechs Pflanzen decken alle Zutatenkategorien ab und bilden eine harmonische Mischung. Auf Seite 26 ist eine Beetbepflanzung für diese Teemischung beschrieben.

It's teatime!

Mit einem eigenen Kräutergarten können Sie entweder aus frischen oder aus getrockneten Pflanzen Tee genießen. Der Frischpflanzentee ist hinsichtlich des Geschmacks und der Wirkung eindeutig die bessere Wahl. Sie benötigen etwa 15 g frische Kräuter für 1 l Wasser. Mit dem Trocknen der Heiltees haben Sie ganzjährig Tee zur Verfügung. Bei den getrockneten Kräutern benötigen Sie 3–4 g für 1 l Wasser.
Um möglichst viele Inhaltsstoffe in den Aufguss zu bekommen, sollten Sie den Tee vor dem Aufgießen stark zerkleinern.

Die pinkfarbene Malve und die Königskerze (im Hintergrund) mische ich nicht nur wegen ihrer Heilwirkung in meinen Lieblings-Hustentee, sondern auch wegen ihrer Schönheit.

Tees aus frischen Pflanzen sind im Aufguss eher hell, der Wirkung und dem Geschmack tut das aber keinen Abbruch.

Genügend Platz zur Entfaltung

Ich empfehle die traditionelle Art der Teezubereitung. Dabei wird der Tee lose in die Aufbrühkanne gegeben und mit heißem Wasser übergossen. So kann sich der Tee am besten entfalten und seine Wirkstoffe ans Wasser abgeben. Filtersysteme, die den Tee „einsperren", sind deshalb nicht optimal. Nach dem Ziehen gießen Sie den fertigen Aufguss durch ein feines Küchensieb oder durch ein Baumwollnetz in die Servierkanne ab. Sie brauchen für diese Zubereitungsart also zwei Behälter. Die aufgebrühten Kräuter können Sie sogar ein zweites Mal aufgießen, wie es bei hochwertigen Grüntees in China praktiziert wird. Da Wasser nicht für alle Wirkstoffe das beste Lösungsmittel ist, enthalten die abgesiebten Kräuter des ersten Aufgusses immer noch überraschend viele Inhaltsstoffe. Diese können in einem zweiten Aufguss herausgelöst werden. Der zweite Aufguss sollte möglichst bald nach dem ersten erfolgen.

Die Wasserqualität und -temperatur

Das Wasser ist für die Qualität des Tees mitentscheidend. Tee benötigt weiches, kalkarmes Wasser, um Aromen und Wirkstoffe optimal herauszulösen. Über die Wasserhärte des Leitungswassers geben die zuständigen Wasserwerke Auskunft. Hartes Wasser muss mit einem Wasserfilter gereinigt werden.
Die Wassertemperatur spielt ebenfalls eine wichtige Rolle beim Teeaufguss. Kochendes Wasser lässt die leicht flüchtigen ätherischen Öle verdampfen. Diese wertvollen Heilstoffe wollen wir allerdings im Tee und nicht in der Raumluft! Deshalb wird das aufgekochte Wasser erst nach drei Minuten Abkühlzeit über die Kräuter gegossen.
Gleich nach dem Aufgießen verschließen Sie die Kanne mit einem Deckel. Die aufsteigenden ätherischen Öle kondensieren am Deckel und perlen in den Tee zurück.

Die Ziehdauer

Die Ziehdauer der Tee-Aufgüsse aus getrockneten Kräutern liegt bei fünf bis sieben Minuten. Sind in der Teemischung vorwiegend Hölzer, Wurzeln, Samen oder Früchte enthalten, sollte sich die Ziehdauer des Aufgusses auf zehn bis fünfzehn Minuten erhöhen, denn durch die harte Zellstruktur geben sie die Wirkstoffe langsamer ab. Bei Frischkräutern genügt eine Ziehdauer von drei bis vier Minuten, da die Wirkstoffe schneller in das Wasser übergehen.

Das Süßen

Heiltees müssen eigentlich nicht gesüßt werden. Falls Sie es doch für nötig halten, dann nehmen Sie einen milden Blütenhonig. Bei Husten- und Schlaftees kann eine Honigzugabe die Wirkung sogar sanft verstärken.

Unsichtbare Heilkräfte

Die Heilkräfte einer Pflanze beschränken sich aber nicht nur auf die messbaren Wirkstoffe. Diese wirken auf der körperlichen Ebene, daneben existiert aber noch eine weitere Ebene, die sich nicht mit chemischen oder physikalischen Methoden bestimmen lässt. Dieses „seelische" Heilprinzip der Pflanzen nutzen beispielsweise die Homöopathie und die Bachblütentherapie. Damit solche Heilmittel auch entsprechend in der feinstofflichen Ebene wirken, müssen sie so schonend wie möglich hergestellt werden. Farbe, Geruch und Geschmack sollen dabei erhalten bleiben.

Gelagert wird Tee möglichst unzerkleinert. Damit viele Inhaltsstoffe in der Tasse landen, wird er vor dem Aufguss gemörsert.

Tinkturen aus dem Heilgarten

In unserer Hausapotheke befinden sich nicht nur Tees. Von einigen Pflanzen stelle ich für den familiären Eigenbedarf auch Tinkturen her. Tinkturen sind wässrig-alkoholische Auszüge aus Heilpflanzen. Alkohol löst hervorragend Wirkstoffe aus der Pflanze und hat außerdem konservierende Wirkung. Deshalb sind Kräutertinkturen wirksamer als Tees, die nur die wasserlöslichen Stoffe enthalten. Für den Hausgebrauch können Sie sehr gut Spirituosen verwenden. Am besten eignen sich geschmacksneutrale Schnäpse wie Wodka, Korn oder Rum. Das Herstellen von Tinkturen ist einfach und im Vergleich zu den Handelsprodukten außerordentlich preiswert. Sie können aus jeder Heilpflanze Ihres Gartens eine Tinktur herstellen. Beachten Sie die optimalen Erntezeiten, um möglichst heilkräftige Tinkturen zu erhalten.
Bei einer Tinkturenmischung kann es passieren, dass die optimalen Erntezeiten der einzelnen Kräuter zeitlich auseinander liegen. In diesem Fall stellen Sie Einzel-Tinkturen her und mischen diese dann bei Bedarf.

Frische Pflanzen, hohe Wirkung

Tinkturen aus der Apotheke werden aus getrockneten Pflanzen hergestellt. Ich stelle meine Alkoholauszüge aus frischen Pflanzen her, da diese wirksamer sind. Die Wirkstoffe lösen sich aus den Zellwänden der

Der Rote Schein-Sonnenhut (*Echinacea purpurea*) stärkt in der winterlichen Erkältungszeit unser Immunsystem. Getrocknet als Tee zeigt er wenig Wirkung, nur im frischen Kraut bleiben die Heilstoffe komplett erhalten.

Dass Frischpflanzenauszüge heilkräftiger sind, lässt sich schon an ihrem Geruch und Geschmack erkennen.

Frischpflanzen wesentlich besser und schneller. Manche Pflanzen wie Roter Schein-Sonnenhut und Johanniskraut sollten Sie unbedingt frisch verwenden, denn sie verlieren im getrockneten Zustand wesentliche Teile ihres Wirkprinzips. Das Konzentrationsgefälle zwischen Alkohol und Pflanzenteilen ist die treibende Kraft der Wirkstoffherauslösung. Es nimmt während der Extraktion kontinuierlich ab. Nach einer erstaunlich kurzen Zeit ist ein Konzentrationsgleichgewicht der Inhaltsstoffe zwischen Pflanze und Alkohol erreicht. Eine Tinktur besitzt schon nach fünf Tagen ihr Auszugsoptimum; längere Auszugszeiten machen daher keinen Sinn. Notfalls geht es sogar noch schneller: Mithilfe der auf Seite 100 beschriebenen „Turboextraktion" haben Sie schon nach 30 Minuten eine wirksame Tinktur zur Verfügung! Ständige Bewegung sorgt dafür, dass sich mehr Wirkstoffe aus den Pflanzenteilen lösen.

Tinktur zur Steigerung der Abwehrkraft

Nehmen Sie etwa 100–150 g zerkleinerte, frische Pflanzen auf 1 l Alkohol. Sortieren Sie alle optisch nicht mehr einwandfreien Teile aus und zerkleinern Sie die Blätter und Blüten, damit die Wirkstoffe gut abgegeben werden können. Füllen Sie die Kräuter in ein Glas und bedecken Sie es vollständig mit Alkohol. Verschließen Sie das Glas und lassen Sie es fünf Tage an einem warmen Platz ziehen, aber setzen Sie es nicht dem direkten Sonnenlicht aus. Am besten schütteln Sie das Glas mehrmals täglich. Dann können Sie es durch ein Feinsieb filtern und gut auspressen. Zum Schluss lassen Sie den Auszug noch durch einen Kaffeefilter laufen, damit die Tinktur schön klar wird.

Mazeration – das traditionelle Auszugsverfahren

Auf Seite 24 habe ich ein Beet zur Stärkung der Abwehrkräfte vorgestellt. Aus den Heilpflanzen dieses Beetes können Sie eine hochwertige Tinktur herstellen. Ernten Sie die dort beschriebenen Pflanzen zum optimalen Zeitpunkt: Den Roten Schein-Sonnenhut, sobald der Hauptblütenstand voll erblüht ist, den Thymian einige Tage nach Blühbeginn, Wasserdost und Kapuzinerkresse bei Vollblüte, den Knoblauch nach Welken des Laubes. Mit etwas Glück haben alle im August ihr Ernteoptimum und können zusammen verarbeitet werden. Lediglich der Thymian muss schon im Juni angesetzt werden.

Lagern Sie Tinkturen in dunklen Braunglasflaschen. Für die praktische Dosierung haben sich Pipettenfläschchen bewährt. Nach einem Jahr Lagerung nimmt der Wirkstoffgehalt langsam ab. Länger als zwei Jahre sollten Tinkturen nicht verwendet werden.

Schnelle Auszugsverfahren

Die schnellen Auszugsverfahren sind nicht schlechter als die traditionelle Mazeration. Nach meiner Erfahrung besitzen solche

Je stärker Sie die Pflanzen zerkleinern, desto besser kann das Lösemittel Alkohol die Wirkstoffe aus den aufgebrochenen Zellen herauslösen.

Welche Heilpflanze für welche Tinktur?

Magen-Tinktur: Minze, Kamille, Kümmel, Zitronen-Melisse
Bittere Magen-Tinktur: Engelwurz, Enzian, Schafgarbe, Wermut
Wund-Tinktur: Johanniskraut, Lavendel, Ringelblume
Husten-Tinktur: Fenchel, Königskerze, Malve, Spitz-Wegerich, Thymian
Schlaf-Tinktur: Baldrian, Hopfen, Lavendel, Zitronen-Melisse
Herz-Kreislauf-Tinktur: Herzgespann, Rosmarin, Weißdorn
stimmungsaufhellende Tinktur: Johanniskraut, Lavendel, Rose, Zitronen-Melisse

Tinkturen einen intensiven Geschmack. Besonders die „Turbo-Extraktion" überrascht mich immer wieder mit ihrem Ergebnis.
Sie benötigen dafür einen Stabmixer. Füllen Sie die gesäuberten und grob zerkleinerten Pflanzen mit dem Alkohol in ein Becherglas. Setzen Sie den Stabmixer in das Glas und beginnen Sie vorsichtig mit dem Mixen, mixen Sie drei bis fünf Minuten. Durch das Zerschneiden der Pflanzen und die Verwirbelung des Ansatzes kann das Auszugsmittel alle Zellen durchdringen und die Inhaltsstoffe herauslösen. Der Ansatz bleibt nach dem Mixen noch 30–60 Minuten stehen. Dieser Extrakt ist durch die feinen Pflanzenpartikel sehr trübe. Deshalb wird er gut gefiltert, zuerst durch ein Feinsieb, dann durch einen Kaffeefilter. Dieser setzt sich durch die kleinen Partikel schnell zu und muss deshalb mehrmals ausgetauscht werden.
Eine Alternative zur „Turbo-Extraktion" ist das Mörsern. Die kleingeschnittenen Pflanzen werden in einen Mörser mit rauer Innenfläche gegeben und sofort mit Alkohol übergossen. Nun wird 20–30 Minuten beständig gemörsert. Danach können Sie den Ansatz noch weitere 30 Minuten stehen lassen und anschließend abfiltern.

Wie wende ich Tinkturen an?

Nehmen Sie bei Bedarf dreimal täglich 10–15 Tropfen der Tinktur ein.
Mit Tinkturen können Sie auch ideal die Heilwirkung von Tees verstärken, weil sie jene Stoffe enthalten, die sich beim Teeaufguss in Wasser schlecht lösen. Wenn Sie einem Salbeitee noch fünf Tropfen Salbeitinktur zufügen, haben Sie einen sich gut ergänzenden Wirkstoffkomplex. Bei äußerlicher Anwendung, etwa zum Gurgeln oder für Umschläge, benötigen Sie 1 EL auf 250 ml Wasser.

Meine Frau sammelt frische Ringelblumen für eine Wundtinktur.

Heilsame Ölauszüge für die Haut

Als ich vor 30 Jahren mein erstes Johanniskrautöl herstellte, war ich begeistert von der schönen roten Farbe des Öles. Bis heute habe ich dieses kostbare Heilöl immer wieder angesetzt. Durch das beständige Dazulernen ist es qualitativ immer besser geworden und von diesem Wissen sollen Sie nun profitieren. Heilöle sind Auszüge aus frischen oder getrockneten Pflanzenteilen, die vor allem die fettlöslichen Wirkstoffe der Ursprungspflanze enthalten. Einige bekannte Heilpflanzen werden traditionell als Ölauszug genutzt, etwa die Ringelblume oder das Johanniskraut. Weitere typische Pflanzen für Heilöle sind Kamille, Malve und Mohnblüten. Das Verfahren wird nicht nur für heilende oder kosmetische Zwecke genutzt, sondern auch für kulinarischen Genuss in Form von Würzölen (siehe Seite 111).

Das richtige Basisöl

Für die Heilöl-Herstellung sollten Sie hochqualitative kaltgepresste Öle bevorzugen. Sie enthalten wertvolle Fettsäuren und Vitamine. Nehmen Sie oxidativ stabile Öle, denn diese zeichnen sich durch eine lange Haltbarkeit aus. Es eignen sich Olivenöl, Sesamöl, Rapsöl und Erdnussöl. Vor allem natives Olivenöl ist eine gute Wahl, da es ausgezeichnete Heil- und Pflegeeigenschaften besitzt. Auch Jojobaöl eignet sich hervorragend wegen seiner langen Haltbarkeit und aufgrund seines geringen Eigengeruches. Für kosmetische Zwecke bevorzuge ich Mandelöl, da es ausgesprochen pflegend und geruchsdezent ist. Allerdings ist es nicht so lange haltbar und relativ teuer. Auch kaltgepresstes Sonnenblumenöl besitzt nur eine relativ kurze Haltbarkeit. Deshalb müssen Sie diese weniger stabilen Öle schneller verbrauchen.

Heilöle mit Sonnenenergie

Der Sonnenauszug nutzt die Wärme und Energie der Sonne, um die Wirkstoffe herauszulösen. Er muss im Sommer durchgeführt werden, denn die Kräuter sollen einige Zeit in der (indirekten) Sonne stehen.
Für die Heilöl-Herstellung können Sie frische oder getrocknete Kräuter verwenden. Frische Kräuter sind wirkstoffreicher und geben aufgrund der weichen Zellstruktur ihre Inhaltsstoffe leichter in das Öl ab. Frische Pflanzen benötigen allerdings besondere Sorgfalt. Ihr Nachteil ist der hohe Wassergehalt, der bei unsachgemäßer Handhabung zu Schimmel führen kann. Um die Schimmelgefahr zu mindern, können die Frischkräuter einen Tag lang angewelkt werden. Außerdem müssen Frischpflanzen immer gut mit Öl bedeckt sein.
Das Gefäß darf die ersten Tage nur mit einer Baumwollkompresse verschlossen sein, so dass das in den Kräutern befindliche Wasser verdunsten kann. Beim Abfiltern werden Frischpflanzen nicht ausgepresst, damit der Wasseranteil im Öl nicht zu hoch wird. Dies würde die Haltbarkeit verschlechtern.

So wird 's gemacht

Die verwendeten Pflanzenteile müssen sauber sein, schmutzige und kranke Teile werden sorgfältig aussortiert. Waschen ist nicht sinnvoll, denn Wasser und Öl vertragen sich nicht. Die Kräuter werden fein zerkleinert, um mehr Ansatzfläche für das Öl zu bieten.
Auf 1 l Öl benötigen Sie ca. 80–100 g getrocknete bzw. 150–200 g frische Kräuter. Nun wird das Öl aufgestellt. Damit sich das Öl nicht zu stark erhitzt, sind leicht beschattete Plätze vorzuziehen. Ein Ölauszug sollte nicht länger als zehn Tage im Sonnenlicht stehen. Das hat verschiedene Gründe:

- In der Sonne beginnen im Öl sehr schnell Zersetzungsprozesse, die Stabilität des

Ich liebe Johanniskrautöl. Auch für dieses Heilöl müssen die Pflanzen gut zerkleinert werden, damit die wertvollen Stoffe ins Öl übergehen.

Öles geht verloren. Je höher die Temperatur, desto kürzer die Haltbarkeit der Öle. Wenn die Öle instabil werden, entziehen sie den darin befindlichen Heilpflanzen Stoffe, um sich selbst vor dem Ranzigwerden zu schützen. Das bedeutet: Je länger das Öl in der Sonne steht, desto mehr Heilstoffe gehen verloren.

- Ein weiteres Argument für kurze Extraktionszeiten ist das nach wenigen Tagen eintretende Konzentrationsgleichgewicht zwischen Pflanzenteilen und Öl. Wenn dieses erreicht ist, löst sich nichts mehr!
- Nicht nur Wärme, sondern auch das UV-Licht mindert die Stabilität des Öles, was wiederum den Heilstoffen schadet. Haben Sie keine gefärbten Glasbehälter zur Verfügung, sollten Sie die Auszüge nicht in die pralle Sonne, sondern nur in den hellen Schatten stellen. Entscheidend für die Extraktion ist die Wärme, nicht das Licht als solches.

Ein besonders wirkungsvolles und lange haltbares Öl bekommt man nur durch kürzere Extraktionszeiten, mäßige Sonnenwärme und Schutz vor intensivem UV-Licht!

Ein besonderes Johanniskrautöl

Für die Ölherstellung schneiden Sie das Johanniskraut erst am Ende der Vollblüte, einige Blüten müssen schon abgeblüht sein. Dann ist der Wirkstoffgehalt am höchsten. Achten Sie darauf, dass sowohl Blätter, Blüten, Knospen und grüne Samenkapseln ins Öl gelangen. Um ein besonders heilkräftiges Öl zu erhalten, nehmen Sie 125 g Johanniskraut und 50 g Lavendel. Die feingeschnittenen Kräuter werden nun mit 1 l Olivenöl übergossen und zehn Tage in der Sonne ausgezogen. Da die Wirkstoffe des Johanniskrautes sehr lichtempfindlich sind, sollten Sie Braungläser verwenden.

Das Öl wird während dem Auszug möglichst mehrmals täglich geschüttelt oder gerührt, damit die Wirkstoffe ins Öl übergehen. Nach spätestens zehn Tagen wird das Öl durch ein Feinsieb abgesiebt. Anschließend kann das Öl noch durch einen Kaffeefilter gereinigt werden, dabei muss man den Filter mehrmals wechseln.

Heißauszug am Herd

Wenn die Sonne fehlt, um einen Auszug herzustellen, nutzt man die Methode des Heißauszugs. Dazu werden die zerkleinerten Kräuter und das Öl in eine feuerfeste Schüssel gegeben und im Wasserbad erwärmt. Die Temperatur sollte 50 °C nicht überschreiten. Machen Sie regelmäßig Temperaturkontrollen mit dem Thermometer! Der Auszug wird nun zwei bis drei Stunden auf Temperatur gehalten und immer wieder umgerührt. Dann wird das etwas abgekühlte Öl durch ein feines Sieb oder ein Baumwolltuch abgegossen und der Rückstand kräftig abgepresst.

Geben Sie die Kräuter in ein weithalsiges, verschließbares Glas. Gießen Sie Öl darüber, bis sie gut bedeckt sind.

Heilöle lagern

Ob Heiß- oder Kaltauszug: Nach Abschluss der Mazeration füllen Sie das Öl in eine dunkle Flasche und beschriften diese. Bewahren Sie das Heilöl nun kühl, dunkel und gut verschlossen auf. Die Ölauszüge besitzen je nach Basisöl und Herstellungsweise eine Haltbarkeit von sechs bis zwölf Monaten. Ölauszüge können weiterverarbeitet werden zu Massageölen, Badeölen und Salben. Um die Wirkung des Auszuges sowie dessen Haltbarkeit zu erhöhen, können Sie noch ätherische Öle zusetzen, aber nur 1–2 %, also 10–20 Tropfen auf 50 ml.

Die Lavendelernte war üppig. So wird das Johanniskrautöl noch heilkräftiger, denn Lavendel und Johanniskraut ergänzen sich in ihrer wundheilenden Wirkung.

Badevergnügen mit Kräutern

Was gibt es Schöneres, als mitten im Winter in einem Bad mit Kräutern aus dem eigenen Garten zu liegen und in den Düften der Sommertage zu schwelgen? Baden ist Entspannung für Körper, Geist und Seele. Es hilft dabei, Stress abzubauen und das innere Gleichgewicht herzustellen. Unterstützend können Sie beispielsweise einige Kerzen am Wannenrand anzünden oder entspannende Meditationsmusik abspielen. Das Badezimmer sollte angenehm temperiert sein. Kräuterbäder sind jedoch nicht nur Wohlfühlen und Entspannen, sondern auch ein wertvolles Hausmittel. So können Sie mit einem Thymianbad eine aufkommende Erkältung lindern oder mit Ringelblume und Kamille die entzündete Haut beruhigen. Die zugesetzten Kräuter kommen verschiedenartig zur Wirkung: Sie wirken direkt auf der Haut, werden aber auch über die Haut resorbiert und über die Atemwege inhaliert. Bei medizinischen Bädern sollte die Badedauer 15 Minuten nicht überschreiten. Anschließend ist Bettruhe zu empfehlen, was die Wirkung des Kräuterbades verstärkt. Die ideale Badetemperatur beträgt 35–37 °C.

Badekräuter zum Verwöhnen

entspannend, beruhigend: Baldrian, Hopfen, Kamille, Lavendel, Zitronen-Melisse

anregend, belebend: Bohnenkraut, Pfefferminze, Rosmarin, Thymian

sinnlich, harmonisierend: Jasmin, Rose

entzündungshemmend, pflegend: Kamille, Linde, Malve, Ringelblume, Schafgarbe

Ich nehme meist getrocknete Kräuter für ein Bad. Falls Sie frische Kräuter direkt aus dem Garten verwenden, nehmen Sie etwa die doppelte Menge.

Mein Grundrezept

Das Grundrezept für ein Kräuterbad ist immer das Gleiche: 40–60 g getrocknete Kräuter werden in einen großen Topf gegeben und mit 2–3 l heißem Wasser übergossen. Nach 5–10 Minuten Ziehzeit filtern Sie den Tee in das Badewasser ab.
Die Wirkung der Kräuter kann nun noch mit ätherischen Ölen verbessert werden. Da Öle nicht wasserlöslich sind, werden sie in 250 ml Milch oder Sahne emulgiert. Ebenfalls sehr hautpflegend ist Bienenhonig. Er eignet sich auch als Emulgator für die ätherischen Öle. Mischen Sie die Öle mit 5 EL Honig und geben Sie alles in die Badewanne. Sehr beliebt für sinnliche und entspannende Bäder ist die Zugabe von Rosenöl. Auch eine Tasse Kräuteressig (siehe Seite 109) oder 4–5 EL Heilöl (siehe Seite 102) eignen sich als Badezusatz. So beruhigt beispielsweise ein Malven-Ölbad die gereizte Haut und ein Rosmarin-Ölbad belebt den Organismus.

Für ein Vollbad empfehle ich, 5–7 Tropfen ätherisches Öl, in etwas Sahne oder Honig gemischt, ins warme Wasser zu geben.

Entspannendes Kräuterbad

Bereiten Sie aus 20 g Zitronen-Melisse, 20 g Lavendel und 10 g Malvenblüten mit 3 l Wasser einen starken Tee. Nach fünf Minuten können Sie ihn durch ein Sieb ins Badewasser geben. Für noch mehr Aroma mischen Sie fünf Tropfen Lavendelöl und drei Tropfen Zitronen-Melissenöl oder Rosenöl in 250 ml Sahne und geben den Aromazusatz ins Badewasser. Die Sahne dient dazu, dass sich Öl und Wasser verbinden – eine Emulsion entsteht.
Und noch ein Tipp: Ein starker Tee aus Malvenblüten allein färbt das Badewasser wunderschön.

Wie ein Bad im Meer

Eine weitere Möglichkeit, Kräuter im Bad einzusetzen, ist Badesalz. Ein Bad mit Meersalz ist eine Wohltat für Körper und Seele. Die Mineralien und Spurenelemente des Salzes pflegen die Haut, die Kräuter bringen Duft in die Wanne. In hübsche Flaschen oder Gläser gefüllt, eignet es sich prima zum Verschenken. Dazu werden 1 kg grobkörniges Meersalz mit 10–12 Tropfen ätherischem Öl gemischt und im Wechsel mit getrockneten Kräutern in hübsche Gläser geschichtet. Die Kräuter lassen Sie zwei Wochen im Salz ziehen. Für ein Vollbad geben Sie eine halbe Tasse Badesalz ins Wasser.

Kräuter für Gourmets

Auf meinen Feldern blühen im Sommer weit über Tausend Basilikumpflanzen. Nicht alle Sorten sind für Tee gedacht; eine davon, das Genoveser Basilikum, bereichert Jahr für Jahr unseren Speiseplan mit einer italienischen Spezialität.

Bella Italia: Kräuterpesto

Wer kennt es nicht, das berühmte Pesto alla Genovese? Pesto kommt ursprünglich aus Ligurien, der Name leitet sich vom Italienischen „pestare" ab, was „zerstampfen" bedeutet. Das Originalrezept aus dem Jahre 1865 enthält nur Basilikum und Knoblauch, aber es eignen sich auch andere Kräuter. Gerne verwende ich Bärlauch, Petersilie und Rukola. Auch Wildkräuter wie Giersch, Bärenklau und Spitz-Wegerich sind willkommene Zutaten. Kräftig schmeckende Kräuter, wie Liebstöckel, Thymian, Oregano oder Salbei, eignen sich nur als würzende Zugabe, alleine wären sie zu konzentriert. Pesto können Sie geschmacklich variieren durch die Zugabe von Oliven, getrockneten Tomaten oder durch scharfe Gewürze wie Chili und Pfeffer. Dem Basilikum-Pesto werden traditionell Nüsse (Pinienkerne, Walnüsse, Mandeln, Haselnüsse, Sonnenblumenkerne) und Käse (Pecorino, Parmesan) zugefügt, was allerdings die Haltbarkeit reduziert. Deshalb füge ich diese Zutaten erst kurz vor dem Anrichten hinzu.

Pesto passt nicht nur zu Spaghetti, auch auf frischem Baguette ist es sehr lecker.

Kräuteressig wird grundsätzlich aus frischen Kräutern hergestellt, da sie den Essig intensiver aromatisieren als getrocknete Kräuter.

Pesto nach Genoveser Art

Nehmen Sie 100 g frische Kräuter, 125 ml kaltgepresstes Olivenöl, 15 g Knoblauch und 10 g Salz. Das Ganze wird mit einem Pürierstab zerkleinert oder im Mörser zerstoßen und in sterilisierte Schraubgläser gefüllt. Vor dem Verschließen der Gläser geben Sie noch etwas Öl obenauf, das sorgt für eine bessere Konservierung.
In dieser Form ist das Pesto acht Monate haltbar, im Kühlschrank gelagert mindestens zehn Monate. Kurz vor dem Anrichten geben Sie noch gemahlene, gegebenenfalls geröstete Nüsse und geriebenen Käse hinzu.

Experimentieren mit Aromen: Kräuteressig

Für die Kräuteressig-Herstellung eignen sich Basilikum, Bohnenkraut, Borretsch, Dill, Estragon, Kapuzinerkresse, Knoblauch, Lorbeer, Liebstöckel, Meerrettich, Petersilie, Rosmarin, Salbei, Schnittlauchblüten, Thymian, Zitronen-Melisse, Zitronen-Thymian und Zitronenverbene, aber auch Gewürze wie Muskat, Ingwer, Chili oder Pfeffer. Der Fantasie sind keine Grenzen gesetzt. Früchte von Erdbeeren, Himbeeren, Heidelbeeren oder Kirschen bringen zudem noch Farbe in den Ansatz. Blüten von Lavendel, Rose, Veilchen oder Holunder lassen einzigartige Essige entstehen.

Mein Grundrezept

Verwenden Sie nicht zu viele Kräuter für einen Essig-Ansatz, damit man die einzelnen Aromen noch herausschmecken kann. Als Grundlage benutzen Sie hochwertigen Weinessig. Er liefert das beste Aroma und hat außerdem einen relativ hohen Säuregehalt, was die Haltbarkeit erhöht. Säuregehalte von 6 % sind von Vorteil.
Manche Rezepte verwenden heißen Essig zum Übergießen der Kräuter, damit sich die Aromen besser und schneller freisetzen. Allerdings werden durch die Erhitzung wertvolle Inhaltsstoffe zerstört. Der Vorteil des Erhitzens ist, dass sich keine Essigmutter bilden kann, die allerdings ein Zeichen der „Lebendigkeit“ des Lebensmittels ist. Essigmutter ist eine gallertartige Masse, die von Essigsäurebakterien gebildet wird. Sie ist aber unbedenklich und kann aus ästhetischen Gründen einfach abgefiltert werden. Kräuteressig besitzt eine Haltbarkeit von zwei bis drei Jahren.
Kräuteressige sind je nach ausgezogenen Kräutern auch äußerlich verwendbar als Badezusatz, für Einreibungen oder Haarspülungen.

Kräuteressig selbstgemacht

Zerkleinern Sie etwa 100 g frische Kräuter Ihrer Wahl und füllen Sie diese in ein verschließbares Glas. Nun füllen Sie 1 l Essig auf und achten darauf, dass keine Kräuter aus dem Essig herausragen. Der Ansatz wird ein bis zwei Wochen an einem hellen Platz am Fensterbrett ausgezogen. Schütteln Sie das Ganze mehrmals täglich, damit sich möglichst viele Aromen herauslösen. Dann durch ein Sieb gießen, in sterile Flaschen füllen und gut verschließen.
Zur Dekoration können Sie anschließend einen schönen Kräuterzweig in die Flasche stecken. Hier bevorzuge ich wegen der Haltbarkeit getrocknete Zweige.

Beim Kräutersalz bringen Wildkräuter wie Brennnessel, Bärlauch, Giersch und Löwenzahn Pepp in die Mischung.

Kräutersalz bewahrt den Sommerduft

Hochwertige Zutaten sind Voraussetzung für ein gelungenes Endprodukt. Ich benutze Salze, die sich durch einen hohen Anteil an Spurenelementen auszeichnen, beispielsweise Meersalz oder Himalayasalz. Der Kräuteranteil eines guten Kräutersalzes beträgt 15–25 %. Sie benötigen also für 1 kg fertiges Kräutersalz 200 g getrocknete Kräuter und 800 g Salz. Sie werden erstaunt sein, wie viel Volumen die Kräuter dabei einnehmen, denn sie sind im Vergleich zu Salz sehr leicht. So viele Kräuter finden Sie in keinem handelsüblichen Kräutersalz, da die Hersteller den Kräuteranteil mit preiswertem Gemüse strecken, etwa Sellerie, Zwiebeln, Karotten oder Knoblauch. Für die Salzherstellung eignen sich die bekannten Würzkräuter: Bohnenkraut, Dill, Estragon, Liebstöckel, Majoran, Oregano, Petersilie, Rosmarin, Schabzigerklee, Schnittlauch, Salbei und Thymian. Sie können auch exotische Gewürze wie Chili, Curry oder Pfeffer hinzufügen. Wer es bunt mag, kann durchaus auch Blüten darin verarbeiten.

Mein Grundrezept

Kurz vor der Herstellung werden die Kräuter zwischen den Handflächen zerkleinert oder durch ein Sieb gerebelt. Nun werden Salz und getrocknete Kräuter vermischt und nach und nach im Mörser fein zerrieben. Sie benötigen dazu einen Mörser mit rauer Innenfläche. Das Mörsern ist sehr wichtig, damit sich Farbe und Aromastoffe an das Salz anhaften. Wunderbar, welcher Duft sich in Ihrer Küche verbreitet! Das Salz wird nun in dicht schließende Behälter abgefüllt, damit der Duft erhalten bleibt und das Salz keine Feuchtigkeit anzieht. Das Kräutersalz hat eine Haltbarkeit von zwei Jahren.

Kräutersalz Toskana

Zermörsern Sie die folgenden Kräuter mit 500 g Meersalz:
- 20 g Basilikum
- 20 g Bohnenkraut
- 20 g Oregano
- 20 g Majoran und
- 20 g Thymian

Kräuteröle zum Würzen

Kräuteröle sind ausgezeichnete Geschmacksträger, denn Öl nimmt das Aroma von Kräutern sehr gut auf. Öl und Wasser harmonieren bekannterweise nicht so gut, deshalb benutze ich für meine Kräuteröle ausnahmsweise nur getrocknete Kräuter. Das verlängert auch die Haltbarkeit des Öles. Sollten Sie frische Kräuter verwenden, dann beachten Sie die Hinweise, die dazu bei der Heilölherstellung gegeben werden (Seite 102).
Es eignen sich Bärlauch, Basilikum, Bohnenkraut, Estragon, Koriander, Knoblauch, Kerbel, Liebstöckel, Lorbeer, Majoran, Oregano, Rosmarin, Salbei, Thymian, Ysop. Aber auch Gewürze wie Wacholder, Muskat, Chili, Pfeffer, Safran, Trüffel oder Zitronenschale sind als Zutat möglich.

Mein Grundrezept

Für 1 l Öl benötigen Sie etwa 80–100 g getrocknete Kräuter. Damit sich im Öl möglichst viele Aromastoffe freisetzen, werden die Kräuter zuerst zerkleinert, in ein verschließbares Glas gegeben und dann gleich mit Öl übergossen. Es sollte mindestens ein Fingerbreit über den Pflanzen stehen.
Das Öl bleibt nun etwa zehn Tage an einem warmen, schattigen Ort stehen und wird

Als Basisöl nehme ich am liebsten kaltgepresstes Olivenöl, aber es eignen sich auch andere Öle, zum Beispiel Sonnenblumenöl.

Kräuteröl Neapolitana

Ich nehme dieses würzige Kräuteröl zum Beträufeln von Pizza oder Salaten. Geben Sie zu 1 l bestem Olivenöl:

- 30 g Thymian
- 30 g Basilikum
- 20 g Oregano
- 10 g Rosmarin
- drei kleine Chilischoten und zwei Knoblauchzehen.

Zehn Tage ziehen lassen, dann ist das Öl fertig.

gelegentlich umgerührt oder geschüttelt. Dann können Sie das Kräuteröl abfiltern und gut auspressen. Das fertige Öl wird in schöne Flaschen gefüllt.
In die Flaschen können Sie zur Dekoration getrocknete Kräuterzweige der entsprechenden Pflanze einlegen. Sehr dekorativ sind auch kleine Chilischoten, Lorbeerblätter oder ganze Oliven. Die Haltbarkeit ist abhängig von der Haltbarkeit des verwendeten Basisöles. Kaltgepresste Olivenöle können zehn bis zwölf Monate gelagert werden.

Hochprozentige Kräuter

Am Beginn der Likörherstellung steht der Ansatzschnaps, der sich kaum von den Tinkturen unterscheidet. Mithilfe von Alkohol werden die Aromastoffe aus Kräutern und Gewürzen gelöst. Hierbei werden nur Kräuter verwendet, die ein intensiven Duft oder eine schöne Farbe haben. Ebenfalls interessant sind bitterstoffhaltige Kräuter, da Bitterschnäpse und -liköre sehr beliebt sind.

Der entscheidende Unterschied zwischen Ansatzschnaps und Tinktur ist das Herstellungsverfahren: Die frischen Kräuter dürfen auf keinen Fall zerrieben oder gemixt werden, denn bei Likören sind Trübstoffe aus optischen Gründen nicht erwünscht. Die frischen Kräuter grob zerschneiden oder getrocknete Kräuter zwischen den Handflächen zerdrücken. Die Ansatzschnäpse werden nach der Ausziehzeit ungesüßt verwendet; für die Likörherstellung wird dann noch ein Süßungsmittel zugefügt.

Mein Grundrezept

Die Alkoholbasis sollte möglichst neutral und mild sein, also Weinbrand, Whisky, Korn, Rum oder Wodka. Obstbrände haben dagegen einen starken Eigengeschmack. 40 % Alkoholgehalt wäre ideal für ein gutes Mazerationsergebnis.
Bei Likören spielt der Zucker eine entscheidende Rolle. Er wird als Zuckerlösung zugegeben, die Sie leicht selbst herstellen können. Dazu werden 250 g Zucker in 250 ml Wasser aufgelöst und aufgekocht. Falls Schaum hochsteigt, wird er mit einem Schaumlöffel abgenommen. Das Ganze lassen Sie noch 10 Minuten leicht köcheln. Die abgekühlte Lösung genügt, um 1 l Ansatzschnaps zu süßen. Sie können auch weniger Zuckerlösung zugeben, wobei das Verhältnis Zucker zu Wasser gleich bleiben sollte (z.B. 100 g Zucker – 100 ml Wasser). Falls Sie lieber mit Honig süßen, wählen Sie einen milden Blüten- oder Akazienhonig. Dieser wird im Wasserbad leicht erwärmt, bis er schön flüssig ist.
Sie benötigen für 1 l Alkohol etwa 80 g getrocknete Kräuter oder Gewürze. Wenn Sie frische Kräuter verwenden, sollten es etwa 120 g sein. Die zerkleinerten Kräuter werden mit Alkohol übergossen und etwa fünf Tage

dicht verschlossen an einem warmen Ort ziehen gelassen. Nicht an die Sonne stellen! Mehrmals tägliches Schütteln verbessert den Übergang der Aromastoffe. Ansätze mit frischen Kräutern benötigen nur ein bis zwei Tage Ziehzeit, einige Kräuter wie die Pfefferminze werden schon nach einigen Stunden abgesiebt.
Nach der Auszugszeit wird abgefiltert. Zuerst entfernen Sie mit einem Feinsieb die groben Bestandteile, dann erfolgen mehrere Durchgänge mit Kaffeefiltern. Zur Likörbereitung wird nach dem Filtrieren 150–250 g leicht erwärmter, flüssiger Honig oder die entsprechende Menge Zuckerlösung hinzugefügt. Nun können Sie den Likör in Flaschen füllen und einige Wochen ruhen lassen.

Kräuterlikör mit Zitrusdüften

Zerkleinern Sie 50 g frische Zitronenverbene, 50 g Zitronen-Melisse und die Schale einer Bio-Zitrone. Bei der Zitrone die bittere weiße Innenschale nicht verwenden. Mit 1 l Korn übergießen und drei Stunden ziehen lassen. Ab und zu umrühren oder schütteln. Gut abfiltern und mit einer abgekühlten Zuckerlösung aus 200 g Zucker und 200 ml Wasser mischen.

Johanniskraut-Likör

Zerkleinern Sie 80 g frisches Johanniskraut mit hohem Blütenanteil. Außerdem geben Sie noch 50 g reife Himbeeren dazu. Mit 1 l Rum übergießen und fünf Tage ziehen lassen. Der Ansatz bekommt eine schöne rote Farbe. Nun wird gut abfiltriert und eine Zuckerlösung aus 200 g Zucker und 200 ml Wasser untergemischt.

Bei Likören können Sie die Aromen von Kräutern mit denen von Früchten kombinieren: Himbeeren, Brombeeren und Schwarze Johannisbeeren, Holunderbeere, Schlehe …

Meine Lieblings-kräuter

Nachdem Sie die vielfältigen Einsatzmöglichkeiten für Wellness und Würze von Kräutern kennen gelernt haben, sind Sie sicher schon ganz gespannt auf die „Haupt-Akteure". Zusammen mit den Kurz-Porträts haben Sie ein heilwirksames und wohlschmeckendes Kräuter-Ensemble für Ihren eigenen Kräutergarten an der Hand.

Anis-Ysop

Agastache foeniculum

Anis-Ysop kommt ursprünglich aus Nordamerika und wurde früher von einigen Indianerstämmen gegen Erkältung und Husten eingesetzt. Der bis zu 80 cm hohe, mehrjährige Lippenblütler gehört in unseren Gärten zu den kurzlebigen Pflanzen, denn er wird meist nicht älter als drei Jahre. Die lang andauernde Blütezeit beginnt im Juli und lockt unzählige Schmetterlinge und Insekten an. Die ganze Pflanze duftet nach Anis mit einem Hauch Lakritze.

Anwendung und Wirkung: Vorzügliche Teepflanze, wirkt verdauungsfördernd und schweißtreibend, hilft gegen Übelkeit und stressbedingte Magenbeschwerden. Frische junge Blätter verfeinern Süßspeisen und Salate.

Standort und Pflege: Volle Sonne, durchlässiger, nährstoffreicher und nicht zu feuchter Boden. Pflegeleicht, kaum Krankheiten und Schädlinge, lediglich der junge Frühjahrsaustrieb wird gern von Schnecken abgefressen. Im Frühjahr mit Kompost düngen. Über den Winter zieht sich die Pflanze in den Wurzelstock zurück. In kalten Lagen Winterschutz!

Ernte und Trocknung: Ernte der duftenden Blätter und Blüten während der Vollblüte (Juli) um die Mittagszeit, Blätter abstreifen und unzerkleinert trocknen. Während des Sommers mehrere Ernteschnitte möglich.

Vermehrung: Aussaat durch Vorkultur im Frühjahr, keimt leicht, oder Stecklingsvermehrung im Sommer.

Heilkräftige Verwandte:

- Koreanische Minze (*A. rugosa*) stammt aus Asien und besitzt Minzaroma. Die in China bekannte Heilpflanze wirkt antibakteriell, verdauungsfördernd, schweißtreibend und fiebersenkend. Äußerlich kaum vom Anis-Ysop zu unterscheiden, auch hinsichtlich der Pflege keine Unterschiede.
- Lemon-Ysop (*A. mexicana*) kommt aus Mexiko, rötliche Blüten. Etwas kälteempfindlicher als andere Duftnesseln, deshalb nur im Weinbauklima mehrjährig kultivierbar. Der Tee hat einen milden Zitronengeschmack, besonders die Sorte 'Toronjil Morado' besticht durch ein klares Zitronenaroma.

Bärlauch

Der mehrjährige Bärlauch ist eines der beliebtesten Wildkräuter. Die jungen, nach Knoblauch duftenden Blätter bereichern die Frühjahrsküche. Nach der Blüte ziehen sich die Kräfte in die Zwiebel zurück, um im nächsten Frühjahr wieder auszutreiben.

Anwendung und Wirkung: Bärlauch hilft bei Arteriosklerose und Bluthochdruck, senkt den Cholesterinspiegel und regt die Verdauung an. Durch seine antibakterielle Wirkung sehr wirksam bei Darminfektionen. Frische Blätter als Würze, Blüten als Dekoration für Salate.

Standort und Pflege: Halbschattige, humusreiche Standorte und eine gute Feuchtigkeitsversorgung garantieren gesunden Aufwuchs. Liebt lockere, tiefgründige Böden. Sehr robust und pflegeleicht, breitet sich bodendeckend am Gehölzrand aus. Als Mischkultur oder Spritzmittel angewendet, wirkt Bärlauch abwehrend gegen Pilzerkrankungen.

Ernte und Trocknung: Ernte der Blätter von März bis Anfang Mai vor der Blüte, nach Blühbeginn nimmt der Gehalt an Wirkstoffen ab. Möglichst frisch verarbeiten, in Öl als Pesto, oder in Alkohol (Tinktur) und Essig konservieren. Um Aromen beim Trocknen zu bewahren, ist schnelle künstliche Trocknung nötig.

Vermehrung: Als Kalt- und Dunkelkeimer wird Bärlauchsamen im Herbst breitwürfig ausgesät, leicht mit Kompost bedeckt und angedrückt. Pflänzchen können dicht beisammen stehen, Bärlauch liebt den teppichartigen Stand.

Heilkräftige Verwandte:

- Zwiebel *(A. cepa)* und Knoblauch *(A. sativum)* besitzen ähnliche Heilwirkungen. Beide lieben sonnige und etwas trockenere, nährstoffärmere Standorte.
- Schnittlauch *(A. schoenoprasum)*, mehrjährig und winterhart, steht gern im Halbschatten, benötigt Bodenfeuchtigkeit und nährstoffreiche Erde.

Basilikum

Das einjährige Basilikum gehört zur Familie der Lippenblütler und kann bis zu 60 cm hoch werden. Basilikum ist eine Kulturpflanze, die ursprünglich aus den tropischen Gebieten Indiens stammt. Die Wildform, aus der es einst gezüchtet wurde, ist nicht mehr bekannt.

Ocimum basilicum

Anwendung und Wirkung: Basilikum wirkt verdauungsfördernd, blähungstreibend und krampflösend. Basilikumduft soll außerdem die Konzentration fördern. Beliebtes Küchengewürz, besonders das grünblättrige Genoveser Basilikum – Hauptzutat des berühmten Pestos (siehe Seite 108).

Standort und Pflege: Bevorzugt sonnige, warme Standorte und nährstoffreiche Böden. Sehr kälteempfindlich, stirbt schon bei Temperaturen um 0 °C ab, gedeiht bei nasskaltem Wetter kaum. Sehr wasserbedürftig, mag aber keine Staunässe. Mögliche Schädlinge sind Raupen und Schnecken, vor allem bei Jungpflanzen.

Ernte und Trocknung: Ernte während der Vollblüte im Sommer (Juni / Juli). Blühendes Kraut zwei Handbreit über dem Boden schneiden, zweiter Ernteschnitt im September möglich. Künstliche Trocknung sinnvoll, denn es trocknet sehr schwer. Weitere Konservierungsmethoden sind Einlegen in Öl oder Einfrieren.

Vermehrung: Vorkultur unter Glas. Aussaat ab Mitte März in Saatkisten (Lichtkeimer!). Pflänzchen pikieren und ab Mitte Mai auspflanzen. Abkneifen der Hauptblütentriebe fördert die Bildung neuer Seitentriebe. Saatgut vieler Basilikumsorten im Handel, große Unterschiede in Duft, Blattgröße, Blatt- und Blütenfarbe, z.B. Sorten mit Anis-, Zimt-, Zitronen- und Kampferduft. Diese Sorten eignen sich auch sehr gut für Tee. Dekorative rote Sorten sind z.B. 'Rothaut', 'Rubin' und 'Dark Opal'.

Heilkräftige Verwandte:

- Indisches Tulsi (*O. sanctum*), auch Heiliges Basilikum genannt, besitzt große Heilkraft. Sehr robust, kaum Krankheiten und Schädlinge. Mehrjährige Art, aber nicht winterhart, muss in einem hellen kühlen Raum überwintert werden.

Bohnenkraut

Anwendung und Wirkung: Bohnenkraut wirkt appetitanregend, verdauungsfördernd und entblähend. Enthält im ätherisches Öl ähnliche Stoffe wie Thymian, dementsprechend auch bei Erkältungen und Husten wirksam.

Standort und Pflege: Bevorzugt sonnige Plätze und leichte, lockere Böden. Beete vor der Aussaat mit etwas Kompost versorgen. Geringer Wasserbedarf. Mit sich selbst unverträglich, deshalb eine Anbaupause von vier Jahren einhalten. Zwischen Bohnen gepflanzt, wirkt es auf diese ertragssteigernd und vertreibt Bohnenläuse.

Ernte und Aufbewahrung: Beste Erntezeit zwischen Blühbeginn und Vollblüte, ideale Tageszeit mittags. Nicht zu tief schneiden, damit zweiter Austrieb möglich wird. Geschnittene Zweige als Ganzes trocknen und erst bei Bedarf zerkleinern.

Vermehrung: Direktsaat ab Anfang Mai im Reihenabstand von 25 cm, in der Reihe 20 cm. Bei zu dichtem Stand in der Reihe steigt die Anfälligkeit gegen Pilzerkrankungen. Bohnenkraut ist ein Lichtkeimer. Gute Sorten aus deutscher Züchtung mit hohem Gehalt an ätherischem Öl sind 'Aromata' oder 'Compact'.

Heilkräftige Verwandte:

- Berg-Bohnenkraut (S. *montana*) ist mehrjährig und winterhart, besitzt ähnliche Inhaltsstoffe und ähnliche Heilwirkung. Bezüglich der Nährstoffe anspruchsloser als das einjährige Bohnenkraut; benötigt etwas mehr Kalk. Pflanzabstand 30 × 25 cm. Kräftiger Rückschnitt im Frühjahr, damit es gleichmäßig austreibt.
- Zitronen-Bohnenkraut *(S. montana* var. *citriodora)* ist eine Varietät des Berg-Bohnenkrauts mit einem würzigen Zitronenaroma. Eignet sich auch vorzüglich für Tee.

Das Garten-Bohnenkraut ist ein einjähriger Lippenblütler, der bis zu 50 cm hoch wachsen kann. Es ist ein beliebtes Küchengewürz mit pfeffrigem Aroma. Im Mittelalter wurde das Bohnenkraut gerne verwendet, da es den teuren Pfeffer ersetzen sollte. Man glaubte auch, „es reitze zu ehelichen wercken", denn es galt als äußerst wirksames Aphrodisiakum.

Dost, Oregano

Origanum vulgare

Der mehrjährige Dost ist eine in Mitteleuropa heimische Origanum-Art und galt früher als Abwehrmittel gegen Verzauberung. Der Lippenblütler wird etwa 60 cm hoch. Im Gegensatz zu seinen südeuropäischen Verwandten ist er weniger aromatisch. Die schönen rosavioletten Blüten locken im Sommer zahlreiche Insekten an.

Anwendung und Wirkung: Dost wirkt schleim- und krampflösend, verdauungsfördernd, hilfreich bei Husten und Störungen im Magen-Darmbereich. Auch als Genusstee und Würzkraut verwendbar.

Standort und Pflege: Warme, sonnige Plätze, durchlässiger und eher trockener Boden. Bei einem pH-Wert von 6,5–7 fühlt er sich besonders wohl, eventuell etwas Kalk geben. Sehr anspruchslos, zuviel Düngung schadet dem Aroma, es genügt eine Kompostgabe im Frühjahr. Krankheiten und Schädlinge tauchen selten auf. Extrem winterfest.

Ernte und Trocknung: Geerntet wird ab Juni während der Blüte, dann sind die meisten Aromen enthalten. Optimale Erntezeit mittags. Blätter und Blüten von den Stängeln streifen und unzerkleinert im Schatten trocknen. Unbedingt die Blüten mit verwenden, denn sie besitzen besonders viele Öldrüsen.

Vermehrung: Vermehrt wird durch Vorkultur in Schalen im Frühjahr oder durch Wurzelteilung. Bei der Aussaat beachten, dass Dost ein Lichtkeimer ist und sehr langsam keimt.

Heilkräftige Verwandte: Südländische Arten sind wesentlich aromatischer bei gleichen Standortansprüchen, sie eignen sich mit ihrem typischen Oreganoduft für die italienische Küche:

- Kreta-Oregano (*O. onites*), zierliche kleinblättrige Pflanze mit einmaligem Aroma, benötigt etwas Winterschutz.
- Griechischer Oregano (*O. heracleoticum*) blüht weiß und ist sehr winterfest, intensivaromatisches Pizzagewürz.
- Majoran (*O. majorana*), sonnenhungrige, kälteempfindliche Pflanze, wird kurz nach Blühbeginn geerntet, da sie dann besonders viel ätherisches Öl enthält, beliebtes Gewürz.

Fenchel

Anwendung und Wirkung: Fenchelsamen hilft durch seine krampflösende und auswurffördernde Wirkung bei Verdauungsproblemen, Blähungen und Husten, wird auch gerne als Küchengewürz und in Kindertees eingesetzt. Junge, frische Fenchelblättchen eignen sich als Gewürz für Suppen, Gemüse und Salate.

Standort und Pflege: Fenchel ist pflegeleicht, er liebt sonnige, warme Standorte und tiefgründige, nährstoffreiche Böden. Leicht kalkhaltiger Boden (pH-Wert 6,5) wird bevorzugt. Einmalige Kompost-Düngung im Frühjahr, zu viel mindert den Früchteertrag. Regelmäßig gießen. Fenchel ist winterhart, kann aber in strengen Wintern eingehen. Ein Winterschutz mit Strohdecke ist hilfreich. Mögliche Schädlinge sind Blattläuse, Raupen und Wanzen, aber vor allem Mäuse, die den saftigen Wurzeln zusetzen.

Ernte und Trocknung: Geerntet werden die aromatischen Früchte, wenn ihre Farbe von graugrün zu braun wechselt. Früchte reifen erst sehr spät und zeitlich versetzt ab. Von September bis Oktober jeweils die reifen Dolden ausschneiden. Künstliche Trocknung sinnvoll, da im Herbst warme Sonnentage für natürliche Trocknung rar sind.

Vermehrung: In Vorkultur ziehen oder am besten direkt aussäen. Da meist zweijährig, erst im August säen und im Folgejahr ernten. Einjährige Sorten im März säen, damit sie im gleichen Jahr zur Reife kommen. Einjährig ist z.B. die Sorte 'Berfena', zweijährig die Sorte 'Großfrüchtiger'. Reihenabstand 45 cm, in der Reihe wird auf 40 cm vereinzelt.

Der mehrjährige Fenchel ist eine mächtige Staude. Sie kommt ursprünglich aus dem Mittelmeerraum und wird bis zu 2,50 m hoch. Früher galt Fenchel als augenstärkendes Mittel. Für den Heilpflanzenanbau nutzt man den Bitter-Fenchel (var. vulgare), beim Gemüse- oder Knollen-Fenchel handelt es sich um eine andere Varietät (var. azoricum).

Foeniculum vulgare

Frauenmantel

Der mehrjährige, winterharte Frauenmantel wird bis zu 30 cm hoch. Er bildet attraktive Polster mit filigranen, gelblich-grünen Blütenbüscheln und weichen, handförmig geteilten Blättern. Den Wassertropfen, die sich in der Mitte der wasserabstoßenden Blätter (Lotuseffekt) sammeln, wurden früher magische Kräfte zugesagt. Die mittelalterlichen Alchemisten sollen damit sogar versucht haben, Gold herzustellen. Daher der botanische Gattungsname Alchemilla.

Alchemilla xanthochlora

Anwendung und Wirkung: Frauenmantel wirkt zusammenziehend, entzündungshemmend, wundheilend und menstruationsregulierend. Klassische Pflanze der Frauenheilkunde bei Menstruationsstörungen und Wechseljahresbeschwerden, auch bei Magen-Darmerkrankungen und als Spülung bei Entzündungen in Mund und Rachen. Einsetzbar als Tee oder Tinktur. Die jungen Blätter sind auch als Salat verwendbar. Bitte nicht den oft im Ziergarten gepflanzten *Alchemilla mollis* verwenden, sondern auf die Art *xanthochlora* achten.

Standort und Pflege: Sonnige bis halbschattige Standorte und feuchter, humushaltiger Boden. Einmal jährlich eine kräftige Kompostdüngung im Frühjahr genügt. Um sauberes Erntegut zu haben, sollten Sie um die Pflanzen herum mulchen. Pflanzabstand 35 × 30 cm.

Ernte und Trocknung: Ernte während der Vollblüte ab Mai, beste Tageszeit nachmittags. Sowohl Blätter als auch Blüten werden geerntet und unzerkleinert im Schatten getrocknet. Trocknet schnell und unkompliziert.

Vermehrung: Aussaat im Herbst direkt im Freien (Kaltkeimer) oder Wurzelteilung im Herbst oder Frühjahr. Beim Pflanzenkauf darauf achten, dass keine Zierform (*Alchemilla mollis*) genommen wird.

Heilkräftige Verwandte:

- Alpen-Frauenmantel (*A. alpina*) mit silbrig behaarten, fingerförmigen Blättern, kleiner im Wuchs, mehrjährig, winterhart, benötigt unbedingt sauren, nährstoffarmen Boden. Ist in der Volksheilkunde der Schweiz sehr beliebt.

Indianernessel

Die mehrjährige Indianernessel, auch Gold-Melisse genannt, nutzten schon die Ureinwohner Nordamerikas als Heilpflanze. Sie kam jedoch als Zierpflanze nach Europa und wird bis 1 m hoch. Mit ihren dekorativen Blüten ist sie eine optische Bereicherung für den Heilkräutergarten. Scharlachrote Sorten wie 'Cambridge Scarlet', 'Präriebrand' oder 'Squaw' sind besonders farbintensiv.

Anwendung und Wirkung: Aromatisch-würziger Tee aus Blättern und Blüten wirkt krampflösend und verdauungsfördernd, aber auch hilfreich bei fiebrigen Erkältungen und Husten. Der Geschmack erinnert an Bergamotte (Earl-Grey-Aroma) mit einem Hauch Thymian. Blüten als Dekoration für Salate und Süßspeisen geeignet.

Standort und Pflege: Sonnige, nährstoffreiche und feuchte Standorte. Regelmäßig gießen, im Frühjahr gut mit Kompost versorgen. Sehr mehltauanfällig, kann aber durch regelmäßige Schachtelhalmspritzungen gestärkt werden. Winterharte Staude, zur Verjüngung den Wurzelstock alle drei Jahre teilen. Pflanzabstand 40 × 30 cm.

Ernte und Trocknung: Erntezeit beginnt mit der Blüte ab Juli, möglichst mittags, mehrere Ernteschnitte möglich. Blätter und Blüten vom Stängel streifen, schnelle und einfache Trocknung.

Vermehrung: Aus Samen gezogene Pflanzen können sich bei der Blütenfarbe in rosa, rote oder violette Varietäten aufspalten. Um gleiche Blütenfarben wie bei der Mutterpflanze zu erhalten, besser durch Stecklinge oder Wurzelteilung vermehren.

Heilkräftige Verwandte:

- Wilde Monarde (*M. fistulosa*), winterhart, blüht rosa und besitzt ein intensiveres Aroma als die Indianernessel, stark schweißtreibende Wirkung, kommt auch mit trockenen Standorten zurecht.
- Rosen-Monarde, eine Züchtung aus der Wilden Monarde, rosa blühende Staude, wunderbarer Rosenduft, hervorragend für Teemischungen und Potpourries geeignet.
- Zitronen-Monarde (*M. citriodora*), einjährig, würziges Zitronenaroma, eignet sich sehr gut als Teepflanze, kann ab Mai direkt ins Freiland gesät werden.

Johanniskraut

Hypericum perforatum

Das mehrjährige, winterharte Johanniskraut wird bis zu 90 cm hoch. Mit den leuchtend gelben Blüten zaubert es heitere Farbtupfer in den Kräutergarten. Ein schöner Kontrast zum lila blühenden Lavendel! Die Blüten geben beim Zerdrücken einen roten Farbstoff ab. Die Blätter besitzen durchscheinende Öldrüsen, wodurch die Blätter wie punktiert wirken – daher der botanische Name „perforatum" (= durchlöchert). Weil Johanniskraut im Ruf stand, böse Geister fernzuhalten, soll einer Sage nach der verärgerte Teufel die Blätter mit einer Nadel durchlöchert haben.

Anwendung und Wirkung: Johanniskraut wirkt als Tee oder Tinktur nervenstärkend und antidepressiv, wird eingesetzt bei Depressionen, Stimmungsschwankungen und nervösen Schlafstörungen. Äußerlich als Johanniskrautöl wundheilend und entzündungshemmend.

Standort und Pflege: Vollsonnige Standorte, nährstoffarmer und durchlässiger Boden. Beete gut kalken (pH-Wert 6,5), um Cadmiumaufnahme zu blockieren, denn Johanniskraut neigt zur Speicherung des Schwermetalls. Starke Stickstoff-Düngung wirkt sich negativ auf die Inhaltsstoffe aus, aber eine Düngung mit Holzasche fördert Wirkstoffausbildung. Sehr gefährdet durch Pilzerkrankungen (Welkekrankheit). Pflanzen verfärben sich rötlich und sterben ab, befallener Bestand muss sofort entfernt werden.

Ernte und Trocknung: Bei Vollblüte wird der Blühhorizont (20 cm) ab Ende Juni geschnitten, an einem warmen Tag um die Mittagszeit. Zweiter Schnitt ist im September möglich. Als Ganzes mit Stängel im Schatten trocknen und erst bei Bedarf zerkleinern.

Vermehrung: Jungpflanzenanzucht in Vorkultur oder Direktsaat ab März (Lichtkeimer!), keimt sehr langsam und unregelmäßig. Pflanzabstand 40 × 25 cm. Empfehlenswerte Sorte ist 'Topaz'. Auch Vermehrung durch Stecklinge oder Wurzelteilung möglich.

Heilkräftige Verwandte: Zitronen-Johanniskraut (*H. hircinum*), mehrjährig, im Weinbauklima winterhart, duftet nach Zitrone mit einem Hauch Eukalyptus, wohlschmeckender Tee. Gleiche Standortansprüche wie das Echte Johanniskraut.

Kamille

Die Kamille gehört zu den bekanntesten Heilpflanzen. Der kleine Korbblütler ist einjährig und wird bis zu 50 cm hoch. In früheren Zeiten war Kamille eine wichtige Pflanze der Frauenheilkunde, kaum wegzudenken von den Beschwerden des Wochenbetts und der Versorgung der Säuglinge.

Anwendung und Wirkung: Aromatischer Tee, wirkt entzündungshemmend, wundheilend, beruhigend und krampflösend, hilfreich bei Magen-, Darm- und Menstruationsbeschwerden. Wirkstoffe können auch gut in Alkohol (Tinktur) konserviert werden.

Standort und Pflege: Sonnige Standorte und mäßig feuchter Boden. Optimal ist ein pH-Wert von 6. Niedriger Nährstoffbedarf, zuviel Düngung hat negativen Einfluss auf die Blütenbildung. Beete mit Holzasche bestäuben, denn Phosphor fördert Blütenbildung. Sehr pflegeleicht, aber anfällig gegen Läuse. Vorzügliche Mischkulturpflanze, da sie Wachstum und Gesundheit ihrer Nachbarn fördert.

Ernte und Trocknung: Erntebeginn mit der Blüte ab Juni, optimale Tageszeit ist mittags. Pflückkämme sind sehr hilfreich. Geerntet wird, wenn sich die gelben Blütenböden nach oben gewölbt haben und die weißen Strahlenblüten nach unten zeigen. Zu späte Ernte kann beim Trocknen zum Zerfall der Köpfchen führen.

Vermehrung: Aussaat im Herbst (September) direkt an Ort und Stelle, aber auch Frühjahrsaussaat ist möglich (März / April). Diese bringt geringere Erträge, aber größere Blütenköpfe. Samen sind Lichtkeimer und werden deshalb nicht mit Erde bedeckt. Zur leichteren Aussaat den winzigen Samen mit Sand mischen. Reihenabstand 30 cm, in der Reihe auf 20 cm vereinzeln. Bekannte Saatgut-Züchtungen mit hohem Wirkstoffgehalt sind beispielsweise 'Bodegold' und 'Manzana'.

Heilkräftige Verwandte: Römische Kamille (*Chamaemelum nobile*, Syn. *Anthemis nobilis*) kommt aus Südeuropa, wächst buschig-niederliegend und hat einen fruchtigen Duft. Sie ist mehrjährig, winterhart und fühlt sich auch in unseren Gärten wohl.

Königskerze

Die zweijährige Königskerze ist eine imposante Pflanze, die bis zu 2 m hoch wird. Ihre sonnige Blütenpracht hat auch die Äbtissin Hildegard von Bingen (1098–1179) inspiriert, denn sie verordnete sie bei einem „kranken, betrübten Herz". Als Marienpflanze wird die Königskerze bis heute in die an Maria Himmelfahrt geweihten Kräuterbüschel gebunden.

Verbascum densiflorum

Anwendung und Wirkung: Königskerze wirkt reizlindernd, schleimlösend und harntreibend. Bestandteil von Hustenteemischungen. Gelbfarbiger Tee, schmeckt leicht süßlich. Blüten dienen auch als Speisedekoration, dazu behaarte Staubblätter ausknipsen, denn diese kratzen im Hals!

Standort und Pflege: Sonniger, warmer Standort, durchlässiger, trockener bis mäßig feuchter Boden. Kalkliebend, anspruchslos bezüglich Düngung, nur wenig Kompost bei Pflanzung, zuviel Düngung mindert Blütenertrag. Windgeschützte Lage sinnvoll, da hohe Blütenstängel bei Sturm umgedrückt werden, eventuell sind Stützpfähle nötig. Schädigung durch Blattfraß von Raupen, gelegentlich auch Mehltau.

Ernte und Trocknung: Ab Juni tägliche Blütenernte vormittags, denn mittags werden die Blüten schlaff und fallen ab. Rasche künstliche Trocknung nötig, damit goldgelbe Farbe erhalten bleibt. Unbedingt luftdicht verschlossen lagern, da Blüten Feuchtigkeit anziehen. Gefährdet durch Lebensmittelmotten und deren Raupen.

Vermehrung: Vorkultur in Saatkisten oder direkt ins Freie, Sommeraussaat sinnvoll (Juni / Juli), da zweijährige Pflanze. Lichtkeimer, deshalb Saatgut nicht bedecken. Pflanzabstand 60 × 50 cm.

Heilkräftige Verwandte: Ebenfalls verwendbar sind andere *Verbascum*-Arten mit kleineren Blüten, dadurch erhält man ein geringeres Ernteergebnis:

- Windblumen-Königskerze (*V. phlomoides*)
- Kleinblütige Königskerze (*V. thapsus*)
- Schwarze Königskerze (*V. nigrum*) mit violett behaarten Staubblättern.

Kornblume

Anwendung und Wirkung: Wird heute nur noch selten medizinisch genutzt. Tee wirkt leicht harntreibend und entzündungshemmend. Blütenblätter zur essbaren Dekoration von Salaten oder in Teemischungen. Die Blüten sind geschmacksneutral und werden als farbig-schöne Zutat beigemischt, sie behalten auch in getrocknetem Zustand ihre Farbe.

Standort und Pflege: Sonnig bis halbschattig, durchlässiger, mäßig feuchter Gartenboden. Pflegeleicht, aber anfällig für Mehltau und Schwarze Bohnenlaus. Nur sparsam düngen, damit viele Blüten ausgebildet werden. Farbenprächtige Mischkulturen mit Klatsch-Mohn oder Ringelblume möglich.

Ernte und Trocknung: Nach Blühbeginn alle ein bis zwei Tage die blauen Blütenköpfchen herausbrechen. Regelmäßiges Ernten verlängert die Blühzeit, sodass acht Wochen lang geerntet werden kann. Damit die empfindlichen Farbstoffe nicht ausbleichen, schnell trocknen, am besten mit künstlicher Wärmezufuhr bei 40 °C. Ausgeblichene Blüten sind für Tees nicht mehr geeignet.

Vermehrung: Aussaat ab April direkt ins Freiland, auch Herbstaussaat im September möglich. Reihenabstand 30 cm, innerhalb der Reihe auf etwa 15 cm vereinzeln. Dichter Stand erhöht die Blütenbildung. Da die Pflänzchen bei Wind und Regen gern umkippen, benötigen sie eine Stütze. Stecken Sie z.B. jeweils an die Enden der Reihe Pflöcke und fixieren Sie dann die Reihe mit einer Schnur.

Centaurea cyanus

Diese einjährige Sommerblume war vor der Industrialisierung der Landwirtschaft häufig auf Getreidefeldern anzutreffen. Wegen ihrer himmelblauen Blüten galt sie früher als Augenheilpflanze. Im Heilpflanzengarten sind besonders leuchtend blaue, gefüllt blühende Sorten schön. Im antiken Griechenland wurde sie als Wundpflanze für die damals nicht seltenen Kampfverletzungen genutzt.

Lavendel

Der mehrjährige Halbstrauch zählt zu den Lippenblütlern und wird bis zu 80 cm hoch. Der Echte Lavendel ist vor allem bekannt durch den großflächigen Anbau in der Provence für die Parfümindustrie. Angebaut wird inzwischen allerdings immer seltener der Echte Lavendel, sondern ein steriler, aber ertragreicherer Hybrid (Lavandula × intermedia).

Anwendung und Wirkung: Echter Lavendel wirkt als Tee oder Badezusatz beruhigend, entspannend und schlaffördernd. Ätherisches Lavendelöl hat wundheilende Wirkung, hilft auch bei Verbrennungen und bei Pilzerkrankungen der Haut. Duftkissen aus Lavendel bringen Schlaf, im Wäscheschrank halten sie Kleidermotten fern. Wird gerne in Mischkultur mit Rosen gepflanzt, da er Ameisen und Läuse abhalten soll.

Standort und Pflege: Lavendel liebt vollsonnige, trockene und kalkhaltige Standorte. Böden sollen durchlässig und eher nährstoffarm sein. Kräftiger Rückschnitt gleich nach der Blütenernte. In kalten Regionen Winterschutz mit Stroh und Reisig. Lavendeltee als Spritzmittel gegen Pilzerkrankungen.

Ernte und Trocknung: Optimale Erntezeit in der Vollblüte im Juni / Juli, wenn an der Blütenähre schon ein Teil der Einzelblüten verwelkt sind. Ganze Blütenähren trocknen und erst bei Bedarf zerkleinern.

Vermehrung: Lavendelsamen keimt langsam und unregelmäßig, deshalb vorzugsweise Vermehrung durch Stecklinge. Beim Kauf von Lavendelpflänzchen große Auswahl, viele Sorten und Züchtungen mit unterschiedlich gefärbten Blüten, schöne dunkelviolette Auslesen, z.B. 'Hidcote Blue', 'Munstead' und 'Impress Purple'.

Heilkräftige Verwandte:

- Zahn-Lavendel (*L. dentata*), duftet harzig, erinnert an Kampfer, nicht winterhart.
- Farnblättriger Lavendel (*L. multifida*), herbwürziger Duft, schöne Blüten, sehr frostempfindliche Kübelpflanze.
- Schopf-Lavendel (*L. stoechas*), feines Aroma nach Zimt und Kampfer, muss im Haus überwintern.
- Speik-Lavendel (*L. latifolia*), wie Echter Lavendel winterfest, ggf. mit Winterschutz.

Malve

Anwendung und Wirkung: Malve wirkt reizlindernd und entzündungshemmend, entsprechend genutzt als Tee oder zum Gurgeln bei Entzündungen der Rachenschleimhäute, bei Magen- und Darmentzündungen und bei Husten. Die wunderschön färbenden Blüten werden zur Dekoration von Gerichten, als Badezusatz oder für Teemischungen verwendet.

Standort und Pflege: Malve liebt sonnige Lagen, nährstoffreiche und humushaltige Böden, Verdichtungen werden nicht vertragen. Beim Pflanzen reichlich Kompost ins Pflanzloch geben. Windgeschützte Lage sinnvoll, da sturmanfällig, eventuell mit Pflöcken absichern. Anfällig gegen Pilzkrankheiten (Malvenrost, Blattfleckenkrankheit) und Blattfraß durch Erdflöhe.

Ernte und Trocknung: Ernte ab Blühbeginn im Juni, tägliches Pflücken der Blüten mit Kelch, vorzugsweise nachmittags. Schonend getrocknete Blüten nehmen dunkelblaue Färbung an. Auch gesunde Blätter können genutzt werden, sie besitzen etwas schwächere Heilwirkung als Blüten.

Vermehrung: Vorkultur in Saatschalen ab März oder Direktsaat im Freien ab April. Samen eventuell vorquellen lassen. Die dunkelviolette Mauretanische Malve ist zu bevorzugen.

Heilkräftige Verwandte:

- Stockrose (*Alcea rosea*), zweijähriges Malvengewächs, bis zu 2 m hoch, früher häufig in Bauerngärten kultiviert, schöne große Blüten, verschiedene Sorten mit unterschiedlichen Farben. Für Heilzwecke sehr empfehlenswert ist die Schwarze Stockrose mit purpurschwarzen Blüten.
- Eibisch (*Althaea officinalis*), mehrjährig, winterhart, mit samtig behaarten Blättern und zahlreichen weißen Blüten, besonders heilkräftig sind die fleischigen Wurzeln.

Die ein- bis zweijährige Malve wird bis zu 180 cm hoch. Über acht Wochen öffnen sich täglich bis zu 100 Blüten. Für Heilzwecke wird nicht die heimische, sondern die Mauretanische Malve verwendet, eine Unterart mit größeren und schöneren Blüten. Ihre samtig-zarten Blüten besitzen eine dunkelviolette Färbung. Die scheibenförmigen Früchte erinnern an Käselaibe und wurden früher von Kindern als „Käsle“ verspeist. Die Malve galt auch als Aphrodisiakum.

Malva sylvestris

Pfefferminze

Die mehrjährige Echte Pfefferminze ist eine Zufallskreuzung aus der wild wachsenden Wasser-Minze (Mentha aquatica) und der Spearmint-Minze (Mentha spicata). Das besondere Erkennungszeichen der Pfefferminze ist der hohe Mentholgehalt, der die kühlende, erfrischende Wirkung hervorruft. Im Mittelalter war ein Elternteil der Pfefferminze sehr geschätzt, die Spearmint-Minze. Heute ist diese Art vor allem in arabischen Ländern als Marokkanische Minze beliebt.

Mentha × piperita

Anwendung und Wirkung: Pfefferminze wirkt appetitanregend, verdauungsfördernd und krampflösend, wird häufig bei Beschwerden im Magen- Darmbereich und bei Übelkeit verordnet.

Standort und Pflege: Wärmeliebend, mag nährstoffreiche Böden mit einer guten Feuchtigkeitsversorgung. Trockene und staunasse Standorte sind nicht geeignet. Bei Austrieb und nach dem ersten Schnitt erfolgt Düngung mit Kompost oder Brennnesseljauche. Einige Sorten sind anfällig gegen Minzenrost, erkennbar an rostroten Pusteln auf den Blättern. Außerdem sind Fraßschäden durch Minzblattkäfer möglich.

Ernte und Trocknung: Ernte bei Blühbeginn ab Mitte Juli, dann hat sie die meisten Wirkstoffe, ideale Tageszeit ist mittags. Zweiter Ernteschnitt Mitte September möglich.

Vermehrung: Nur wild wachsende Minze-Arten können durch Samen vermehrt werden (Lichtkeimer!). Edel-Minzen sind meist steril; deshalb Kauf von Jungpflanzen oder vegetative Vermehrung mit Wurzelausläufern. Unterirdische weiße Ausläufer im Herbst ausgraben, in 20 cm lange Stücke zerteilen und in 5–10 cm tiefe Furchen legen. Wurzelausläufer haben starken Ausbreitungsdrang. Auch Stecklingsvermehrung möglich. Nach zwei bis drei Jahren werden alte Beete geräumt und neue angelegt. Wegen Selbstunverträglichkeit ist eine fünfjährige Anbaupause nötig.

Heilkräftige Verwandte: Es gibt viele Sorten der Echten Pfefferminze; empfehlenswert sind 'Mitcham', 'Multimentha' und 'Mentola'. Sehr viele Varietäten und Sorten mit unterschiedlichsten Düften gibt es im Handel, da Minzen untereinander sehr kreuzungsfreudig sind. Interessante Sorten sind z.B. Orangen-, Bergamotte- oder Apfel-Minze, alle mentholfrei.

Ringelblume

Anwendung und Wirkung: Ringelblume ist wundheilend, entzündungshemmend und granulationsfördernd, deshalb vor allem äußerliche Anwendung als Tinktur oder Salbe bei schlecht heilenden Wunden. Innerlich bei Magen-, Darm- und Gallebeschwerden. Verschönert als Schmuckpflanze Teemischungen, Strahlenblüten zum Färben von Speisen.

Standort und Pflege: Sonniger Standort mit ausreichender Bodenfeuchtigkeit. Sehr anspruchslos und pflegeleicht, benötigt wenig Düngung. Phospor (z.B. Holzasche) erhöht Blütenreichtum. Im Sommer sehr anfällig für Mehltau, vorbeugende Spritzungen mit Schachtelhalm schon vor der Blüte. Gute Mischkulturpflanze, vertreibt Nematoden.

Ernte und Trocknung: Nach Blühbeginn zweimal wöchentlich mittags ganze Blütenköpfe pflücken, regelmäßige Ernte fördert Blütenbildung. Klebriger Pflanzensaft, Handschuhe sind hilfreich. Im Schatten trocknen, trocknet nur langsam. Schnelle künstliche Trocknung verbessert Farbqualität, unbedingt luftdicht lagern.

Vermehrung: Direktsaat im Herbst (winterhart) oder im Frühjahr ab April. Reihenabstand 30 cm, in der Reihe auf 15 cm vereinzeln, dichter Stand erhöht Blütenfülle. Orange blühende Sorten bevorzugen, sie enthalten mehr Carotinoide. Bewährte Sorten sind z.B. 'Erfurter Orangefarbige', 'Orangekugel'.

Heilkräftige Verwandte: Die Acker-Ringelblume (*C. arvensis*) stammt aus dem Mittelmeerraum, kleine gelbe Blütchen, gleiche Heilwirkung.

Der einjährige Korbblütler ist eine bekannte Zierpflanze der Bauerngärten. Die orange- oder gelbblühende Ringelblume wird bis 60 cm hoch und erfreut uns monatelang mit ungebrochener Blühkraft. Die Ringelblume ist eine Gartenpflanze, von der keine Wildform mehr existiert; sie wurde vermutlich schon in der Antike aus einer südeuropäischen Ringelblumenart gezüchtet. Sie galt früher als Sinnbild der Liebe und wurde deshalb gerne für Liebeszauber eingesetzt.

Rosmarin

Der mehrjährige Strauch kann bis zu 1,50 m hoch werden. Ursprünglich in Südeuropa heimisch, wurde er im 8. Jahrhundert von den Benediktinermönchen nach Mitteleuropa gebracht. Im Mittelalter spielte Rosmarin eine große Rolle als Schutzpflanze. Er war wichtiger Begleiter bei den Übergangszeiten des menschlichen Lebens: Geburt, Hochzeit und Beerdigung.

Anwendung und Wirkung: Rosmarin wirkt verdauungsfördernd, krampflösend und appetitanregend. Er regt den Kreislauf an, deshalb hilfreich bei Erschöpfungszuständen und niedrigem Blutdruck. Äußerlich als Einreibung (Tinktur) oder Badezusatz, anregend und durchblutungsfördernd. Beliebtes aromastarkes Küchengewürz, nur sparsam verwenden!

Standort und Pflege: Volle Sonne und durchlässiger, leichter Boden ohne Staunässe, kalkliebend. Nur im Frühjahr sparsam mit Kompost düngen. Bedingt winterhart, kann nur im Weinbauklima draußen bleiben. Ab August nicht mehr schneiden, sonst verliert er an Winterhärte. Winterschutz unbedingt nötig, mit Stroh und Fichtenreisig einpacken, vor allem im Wurzelbereich, damit dieser nicht durchfriert. Fürs Freiland geeignete Rosmarin-Sorten bevorzugen, dann bis −20 °C winterfest: ‘Arp’ blüht hellblau und hat ein frisches Aroma, ‘Salem’ blüht blau mit kräftigem Aroma und grünen Blättern, ‘Veitshöchheim’ blüht dunkelblau, hat dunkelgrünes Laub. In kalten Gegenden den Rosmarin im Herbst ausgraben oder ganzjährig in Kübeln halten. Überwinterung in hellen, kühlen Räumen (10–12 °C).

Ernte und Trocknung: Geerntet werden nicht verholzte Triebspitzen, erster Ernteschnitt ab Mai, zweiter Schnitt im August, beste Tageszeit mittags. Zweige als Ganzes im Schatten trocknen und erst bei Bedarf zerkleinern.

Vermehrung: Aussaat in Vorkultur, keimt langsam und unregelmäßig, Stecklinge im Sommer, aber erst im Folgejahr ins Freie auspflanzen.

Salbei

Der mehrjährige Salbei ist in der Mittelmeerflora zuhause. Der 50–60 cm hohe Strauch hat durch die zahlreichen violetten Lippenblüten einen hohen Zierwert. Bei den Griechen und Römern der Antike gehörte er zu den besonders geschätzten Heilpflanzen. Die Benediktiner brachten ihn über die Alpen und verbreiteten ihn durch ihre Klostergärten.

Anwendung und Wirkung: Salbei wirkt entzündungshemmend, antibakteriell und zusammenziehend, deshalb sehr heilsam zum Gurgeln und Spülen bei Entzündungen in Mund und Rachen. Innerlich eingenommen als Tee oder Tinktur schweißhemmende Wirkung. Beliebtes kräftiges Küchengewürz.

Standort und Pflege: Sonnige, warme Plätze und nährstoffarme, durchlässige Böden. Bevorzugt trockene Standorte, keine Staunässe. Kaum Düngung, aber gute Kalkversorgung. Winterhart, benötigt jedoch in rauen Lagen Winterschutz. Sehr robust gegen Krankheiten, gelegentlich Mehltau und Blattläuse.

Ernte und Trocknung: Ab dem zweiten Jahr zwei Ernten möglich, erster Schnitt bei Blühbeginn (Anfang Juni), zweiter Schnitt Ende August. Später nicht mehr schneiden, um Winterhärte nicht herabzusetzen. Beste Tageszeit mittags, da hoher Ölgehalt. Ganze Blätter trocknen. Trocknet langsam, künstliche Trocknung sinnvoll.

Vermehrung: Aussaat in Vorkultur, sehr langsame Entwicklung. Stecklingsvermehrung im Sommer, erst im Folgejahr auspflanzen. Pflanzabstand 50 × 35 cm.

Heilkräftige Verwandte:

- Griechischer Salbei (S. *triloba*) mit fruchtigem, eukalyptusartigem Duft, nur im Weinbauklima winterhart.
- Muskateller Salbei (S. *sclarea*), zweijährig, mit prächtigen, intensiv duftenden Blütenständen, winterhart.
- Frucht-Salbei (S. *dorsiana*) aus Honduras, große Blätter duften nach Guaven, rosa Blüten im Winter, frostempfindlich.
- Ananas-Salbei (S. *rutilans*) aus Mexiko, Ananasduft, schöne rote Blüten im Spätherbst bis Winter, frostempfindliche Kübelpflanze.

Salvia officinalis

Schafgarbe

Schafgarbe ist eine mehrjährige, winterharte Staude. Mit ihren weißen, bis 80 cm hohen Blütenständen und ihren fein gefiederten Blättchen besitzt sie durchaus Zierwert. Als gute Mischkulturpflanze fördert sie aber auch die Gesundheit ihrer Beetnachbarn. Seit der Antike ist sie eine geschätzte Heilpflanze. Die alten Namen „Blutstillkraut" und „Soldatenkraut" weisen darauf hin, dass die wundheilende Pflanze häufig bei Kriegsverletzungen Anwendung fand.

Achillea millefolium

Anwendung und Wirkung: Schafgarbe ist krampflösend, entzündungshemmend und besitzt eine menstruationsregulierende Wirkung, wird deshalb gerne in der Frauenheilkunde eingesetzt (Tee, Tinktur, Sitzbad). Aufgrund der enthaltenen Bitterstoffe auch bei Verdauungsbeschwerden hilfreich. Junge Blätter als Wildgemüse nutzbar.

Standort und Pflege: Sonniger, nicht allzu feuchter Standort. Sehr wenig Düngung, freut sich über eine kleine Kalkgabe. Kalk ist auch deshalb sinnvoll, weil dadurch die Anreicherung von Cadmium blockiert wird. Sehr pflegeleicht und robust, kennt kaum Krankheiten und Schädlinge. Fördert als Mischkulturpflanze die Gesundheit ihrer Nachbarn.

Ernte und Trocknung: Geerntet wird das voll erblühte Kraut im Juli, am besten um die Mittagszeit. Man schneidet die oberen 20 cm des Blühhorizontes, eventuell noch zweite Ernte im Oktober möglich. Als Ganzes im Schatten trocknen und erst bei Bedarf zerkleinern.

Vermehrung: Vorkultur in Saatschalen ab März (Lichtkeimer!), sehr lange Keimdauer, Direktsaat nicht sinnvoll. Schafgarbe kann auch durch Wurzelteilung oder Stecklinge vermehrt werden. Die Pflanzen benötigen im Beet 40 × 30 cm Abstand.

Heilkräftige Verwandte: Gelbe und rote Zierformen sind für Heilzwecke nicht geeignet.

- Muskatkraut (*A. decolorans*), mehrjährig und winterhart, als Küchenkraut mit feinwürziger Muskatnote. Benötigt halbschattigen Platz mit guter Feuchtigkeitsversorgung.

Roter Schein-Sonnenhut

Anwendung und Wirkung: Roter Schein-Sonnenhut steigert die körpereigenen Abwehrkräfte, wird vor allem zur Unterstützung bei grippeartigen Infekten eingesetzt, äußerlich zur Wundbehandlung. Am besten werden die Wirkstoffe in Alkohol stabilisiert (Frischpflanzen-Tinktur).

Standort und Pflege: Sonniger Standort und nährstoffreicher mittlerer Boden, Kompostdüngung im Frühjahr. Roter Schein-Sonnenhut ist sehr pflegeleicht und robust, kennt kaum Krankheiten und Schädlinge. Er mag keine Trockenheit, weshalb er regelmäßig mit Feuchtigkeit versorgt wird.

Ernte und Trocknung: Ernte des blühenden Krautes im Sommer (Juli), Schnitthöhe zwei Handbreit über Bodenniveau. Optimaler Zeitpunkt, wenn der Hauptblütenstand voll erblüht ist: Blütenboden ist dann nach oben gewölbt, Strahlenblüten zeigen nach unten. Nur frisches Kraut wird verarbeitet, denn bei der Trocknung gehen wichtige Wirkstoffe verloren. Auch die im späten Herbst geernteten Wurzeln sind wirksam, Wurzelernte erst im dritten Standjahr sinnvoll.

Vermehrung: Vorkultur in Saatkisten oder Direktsaat ab April, wegen der schlechten Keimfähigkeit Samen vorquellen. Pflanzabstand beträgt 40 × 30 cm. Vermehrung alter Bestände durch Wurzelteilung im Frühjahr oder Herbst.

Heilkräftige Verwandte:

- Schmalblättriger Roter Schein-Sonnenhut (*E. angustifolia*)
- Blassfarbener Roter Schein-Sonnenhut (*E. pallida*)

Beide sind im Gegensatz zum Roten Schein-Sonnenhut schwieriger zu kultivieren, besitzen aber ähnliche Heilwirkung.

Der Rote Schein-Sonnenhut ist eine attraktive Blütenstaude mit purpurfarbenen Korbblüten. Die mehrjährige, winterharte Pflanze mit dem stacheligen „Igelkopf" wird bis zu 1 m groß. Die indianischen Heilkundigen zerstampften die Wurzeln zu Brei und nutzten ihn als Wundauflage.

Spitz-Wegerich

Plantago lanceolata

Der mehrjährige und winterharte Spitz-Wegerich ist eine häufig anzutreffende heimische Heilpflanze. Er zählt aufgrund einer gelungenen Kombination an Heilstoffen zu den besten Hustenpflanzen. Früher nutzte man ihn vor allem als Wundpflanze. Dem Saft der Blätter traute man zu, dass er Wunden „zusammennäht".

Anwendung und Wirkung: Spitz-Wegerich wirkt reizlindernd und hustenhemmend, eingesetzt als Tee oder als Sirup. Außerdem besitzt er antibakterielle Wirkstoffe. Den Saft nutzt man gerne als Erste Hilfe gegen juckende Insektenstiche und Quaddeln der Brennnessel. Junge Blätter sind auch als Salat verwendbar. Die Blütenknospen schmecken nach Champignons.

Standort und Pflege: Sonniger, warmer Standort. Robust und pflegeleicht, kommt fast mit jedem Boden zurecht, bevorzugt aber leicht saure Böden (pH-Wert 6) mit ausreichendem Nährstoffgehalt, nach jedem Schnitt eine Kompostgabe. Eine gute Feuchtigkeitsversorgung ist sinnvoll, Staunässe wird allerdings nicht vertragen. Schädlinge und Krankheiten treten recht selten auf.

Ernte und Trocknung: Erntebeginn ab Mai, wenn der Blütenstand gerade erscheint; zwei bis drei Schnitte jährlich sind möglich. Wegen der bodennahen Blätter auf Verschmutzungen achten. Damit Neuaustrieb gewährleistet ist, nicht zu tief schneiden. Die Blätter werden vorsichtig ohne Druck geschnitten, damit sie sich nicht schwarz verfärben. Rasche Trocknung wirkt dem ebenfalls entgegen.

Vermehrung: Spitz-Wegerich wird durch Direktsaat im zeitigen Frühjahr vermehrt, Reihenabstand 25 cm, in der Reihe wird auf 15 cm vereinzelt. Weit verbreitete Wiesenpflanze, Saatgut von diesen Wildpflanzen kann genutzt werden.

Heilkräftige Verwandte: Breit-Wegerich (*P. major*), verträgt auch schwerere Böden und Feuchtigkeit, ähnliche, aber etwas schwächere Heilwirkung.

Thymian

Thymian ist eine mehrjährige Pflanze aus den Mittelmeerländern. Der kleine, verholzende Halbstrauch wird etwa 40 cm hoch. Er galt im alten Griechenland als anregendes Räuchermittel und die Römer glaubten, nach einem Thymianbad mutiger zu sein. Im alten Ägypten wurde Thymian wegen seiner desinfizierenden Wirkung zum Einbalsamieren der Toten verwendet.

Thymus vulgaris

Anwendung und Wirkung: Thymian wirkt antibiotisch, auswurffördernd und krampflösend, hilfreich bei Erkältungen, Bronchitis und Verdauungsproblemen. Thymian ist ein unentbehrliches kräftiges Küchengewürz.

Standort und Pflege: Warmer, vollsonniger Standort. Sehr anspruchslos, benötigt kaum Düngung und verträgt Trockenheit. Für eine Kalkung mit Algenkalk ist er sehr dankbar. Möglichst durchlässiger Boden, denn Staunässe verkürzt die Lebensdauer und mindert das Aroma. In stark frostgefährdeten Lagen Winterschutz nötig. Krankheiten sind relativ selten, manche „Feinschmecker-Schnecken" lieben ihn.

Ernte und Trocknung: Ernte bei Blühbeginn im Juni, wenn sich die ersten Lippenblütchen öffnen, beste Tageszeit mittags. Zweite Ernte ist Ende August möglich. Später nicht mehr ernten, um die Winterhärte nicht zu beeinträchtigen. Die Triebspitzen (10 cm) werden als Ganzes getrocknet und erst bei Bedarf zerkleinert.

Vermehrung: Vermehrung durch Vorkultur in Schalen ab März oder durch Stecklinge. Der Lichtkeimer wird nicht mit Erde bedeckt, sondern Samen nur angedrückt. Pflanzabstand 30 × 20 cm. Empfehlenswerte widerstandsfähige Sorte ist 'Deutscher Winter'.

Heilkräftige Verwandte: Die folgenden Thymian-Arten sind winterhart und besitzen die gleichen Nährstoff- und Standortansprüche wie der Echte Thymian.

- Der heimische Quendel (*T. pulegioides*) ist in der Heilwirkung milder. Er wächst kriechend und bildet schöne Polster.
- Zitronen-Thymian (*T. × citriodorus*) besticht durch kräftigen Zitronenduft, gute Teepflanze.
- Orangen-Thymian (*T. fragrantissimus*) eignet sich für fruchtig schmeckenden Erfrischungstee.

Zitronen-Melisse

Der mehrjährige Lippenblütler kommt ursprünglich aus dem Mittelmeerraum und wird 60–80 cm hoch. Das für den schönen zitronenartigen Duft verantwortliche ätherische Öl ist sehr wertvoll, es wird deshalb wird gerne verfälscht mit ähnlich duftenden, aber preiswerteren Ölen aus asiatischen Gräsern (Citronella, Lemongras). Hildegard von Bingen schrieb über die Zitronen-Melisse, dass sie „den Menschen zum Lachen bringe und sein Herz erfreue".

Anwendung und Wirkung: Zitronen-Melisse ist verdauungsfördernd, blähungstreibend und krampflösend, sie wird deshalb gerne bei Magen- und Darmbeschwerden eingesetzt. Aufgrund der beruhigenden Wirkung hilfreich bei Stress und nervös bedingten Einschlafstörungen. Bestandteil von Teemischungen, Kräuterlikören und Entspannungsbädern.

Standort und Pflege: Sonnige Plätze, nährstoffreiche Böden mit guter Feuchtigkeitsversorgung, aber ohne Staunässe. Kalkliebend, bei niedrigem pH-Wert muss gekalkt werden. Winterhart, junge Pflanzen sollte man aber im Winter mit Stroh schützen. Verjüngung durch Wurzelteilung nach drei bis vier Jahren, denn alte Pflanzen verlieren ihr Aroma. Anfällig gegen Blattfleckenkrankheiten und Rost. Vorbeugende Spritzungen mit Schachtelhalm.

Ernte und Trocknung: Erster Ernteschnitt unbedingt vor der Blüte ab Anfang Juni, mit Blühbeginn verliert sie ihr Aroma. Optimale Tageszeit mittags, Schnitthöhe 10 cm über dem Boden. Zweiter Schnitt im September möglich. Blätter vorsichtig abstreifen, denn sie sind sehr druckempfindlich, was zu schwarzen Verfärbungen bei der Trocknung führt. Im Schatten trocknen.

Vermehrung: Vorkultur ab März in Saatkisten (Lichtkeimer!). Stecklinge im Sommer oder Wurzelteilung im Herbst oder Frühjahr. Gute Sorte mit hohem Ölgehalt ist 'Citronella'. Sorten mit dekorativen Blattfärbungen ('Aurea', 'Variegata') sind nicht für Heilzwecke geeignet.

Heilkräftige Verwandte:

- Kreta-Melisse (*M. officinalis* subsp. *altissima*) ist eine seltene Unterart, robust und winterhart, gute Teepflanze mit Orangen-Limonenduft, der sich aber erst beim zweiten Ernteschnitt im Sommer entfaltet.

Zitronenverbene

Anwendung und Wirkung: Zitronenverbene wirkt verdauungsfördernd, krampflösend und beruhigend. Dank des Zitronenduftes vorzüglicher Erfrischungstee und duftende Zugabe zu Potpourries.

Standort und Pflege: Sonniger, warmer Standort und durchlässiger, nährstoffreicher Boden. Regelmäßig gießen, Staunässe wird nicht vertragen. Bedingt winterhart, kann im Weinbauklima mit Winterschutz draußen bleiben, dazu im Herbst auf drei Handbreit über dem Boden zurückschneiden und gut mit Stroh und Reisig einpacken. Im Frühjahr Stroh entfernen, Pflanze treibt meist erst im Mai aus. Ansonsten Kübelpflanze, die im Haus überwintert, möglichst kühl. Kennt kaum Krankheiten und Schädlinge, als Kübelpflanze allerdings anfällig gegen Weiße Fliege.

Ernte und Trocknung: Ernte vor der Blüte im Sommer (Juli). Zweiter Ernteschnitt im September. Blätter von den Stängeln streifen, im Schatten trocknen.

Vermehrung: Vermehrung durch Stecklinge im Frühsommer, erst im Folgejahr auspflanzen. Pflanzabstand 60 × 50 cm.

Heilkräftige Verwandte:

- Aztekisches Süßkraut (*Lippia dulcis*), frostempfindliche Kübelpflanze mit fruchtig-minzigem Aroma, leicht süßlich. Kleinwüchsige, wärmeliebende Teepflanze, benötigt durchlässige Erde.
- Argentinische Minzverbene (*Lippia scaberrima*), bis 2 m hohe Kübelpflanze mit minzigem Eukalyptusduft, kräftige wuchsfreudige Teepflanze. Überwinterung im Haus.
- Anisverbene (*Lippia alba*) ist ein bis zu 2 m hoher Strauch aus Südamerika. Frostempfindlich, als Kübelpflanze kultivierbar, große, nach Anis duftende Blätter, gute Teepflanze.

Aloysia citriodora

Die Zitronenverbene stammt ursprünglich aus Südamerika und wurde von den spanischen Eroberern nach Europa gebracht. Ihr ätherisches Öl war sehr begehrt bei der Parfüm- und Seifenherstellung. Die Blätter des bis zu 2 m hohen Strauches besitzen ein intensives, frisches Zitronenaroma. In Frankreich ist der Tee als „Verveine“ sehr beliebt.

Service

Zum Abschluss möchte ich Ihnen gern noch ein paar Tipps geben und Rezepte verraten, wie Sie Ihre Pflanzen ohne den Einsatz von chemischen Mitteln gesund halten. Ich habe damit sehr gute Erfahrungen gemacht. Außerdem habe ich einige Bezugsquellen für Heilpflanzen und Zubehör zusammengestellt.
Viel Freude in Ihrem Heilpflanzengarten!

Erste Hilfe für Ihre Pflanzen

Rezepte für pflanzliche Spritzmittel

Kraut	Herstellung	Wirkung
Ackerschachtelhalm-Brühe (aus den Sommertrieben)	1 kg frisch oder 200 g getrocknet auf 10 l Wasser (Abkochung), 1:5 verdünnt spritzen	vorbeugend gegen Pilzkrankheiten, Saatbeize, bodenheilend
Basilikum-Tee (blühendes Kraut)	150 g frisch oder 30 g getrocknet auf 10 l (Aufguss), unverdünnt spritzen	gegen Blattläuse
Beinwell-Jauche (aus den Blättern)	1 kg frisch oder 200 g getrocknet in 10 l Wasser vergären, 1:10 verdünnen	düngend, kräftigend, rottefördernd
Brennnessel-Jauche (aus dem Kraut der Großen oder Kleinen Brennnessel)	1 kg frisch oder 200 g getrocknet in 10 l Wasser vergären, 1:10 verdünnen	düngend, kräftigend, rottefördernd
Brennnessel-Kaltauszug (frisches Kraut)	1 kg frisches Kraut in 10 l Wasser 12–24 Stunden ansetzen, unverdünnt spritzen	gegen Blattläuse
Brennnessel-Tee (Kraut)	150 g frisch oder 30 g getrocknet auf 10 l (Aufguss), unverdünnt spritzen	kräftigend, fördert die Ölproduktion von Aromapflanzen
Birken-Jauche (Blätter)	1 kg frisch oder 200 g getrocknet in 10 l Wasser vergären, 1:10 verdünnen	gegen Pilzkrankheiten
Eichenblätter-Jauche (im Sommer gesammelte Blätter)	1 kg frische Blätter in 10 l Wasser vergären, 1:10 verdünnen	gegen alle fressenden und saugenden Insekten
Farnkraut-Jauche (Blattwedel von Wurm- und Adlerfarn)	1 kg frisch oder 200 g getrocknet in 10 l Wasser vergären, 1:10 verdünnen	gegen Läuse
Holunder-Jauche (Blätter)	1 kg frisch oder 200 g getrocknet in 10 l Wasser vergären, unverdünnt spritzen	gegen Wühlmäuse (in die Gänge gießen)
Kamillen-Tee (Blüten)	150 g frisch oder 30 g getrocknet auf 10 l (Aufguss), unverdünnt spritzen	Saatbeize, zur Pflanzenstärkung, wachstumsfördernd, rottefördernd
Kapuzinerkresse-Tee (frische Blätter)	100 g frisches Kraut auf 10 l (Aufguss), unverdünnt spritzen	gegen Pilzkrankheiten und Läuse
Knoblauch- oder Bärlauch-Tee (Knolle)	80 g auf 10 l Wasser (Aufguss), unverdünnt spritzen	gegen Pilzerkrankungen, stimuliert die Ölproduktion, Saatbeize
Lavendel-Tee (Blüten)	150 g frisch oder 30 g getrocknet auf 10 l (Aufguss), unverdünnt spritzen	gegen Pilzerkrankungen und zur Steigerung der Ölproduktion (ätherische Öle)
Löwenzahn-Jauche (Blätter und Blüten)	1 kg frisch oder 200 g getrocknet in 10 l Wasser vergären, 1:10 verdünnen	wachstumsfördernd, rottefördernd
Meerrettich-Tee (frische Blätter und Wurzeln)	300 g auf 10 l Wasser (Aufguss) unverdünnt spritzen	gegen Pilzkrankheiten
Neemsaat-Kaltauszug (Samen des Neembaumes)	400 g auf 10 l Wasser, 12 Stunden ausziehen, unverdünnt spritzen	gegen alle Insekten, schädigt auch Nützlinge!

Kraut	Herstellung	Wirkung
Pfefferminz-Tee (Blätter)	150 g frisch oder 30 g getrocknet auf 10 l (Aufguss), unverdünnt spritzen	Schutz vor Raupen, irritiert Schmetterlinge, gegen Ameisen
Quassia-Brühe (Holz)	150 g auf 3 l Wasser (Abkochung), mit 10 l Wasser und 250 g Schmierseife verdünnen	gegen Blattläuse und andere Insekten, schädigt auch Nützlinge!
Rainfarn-Brühe (blühendes Kraut)	200 g frisch oder 30 g getrocknet auf 10 l Wasser (Abkochung), 1:2 verdünnen	gegen Ameisen, Läuse und andere Insekten
Rhabarberblätter-Brühe (frische Blätter)	500 g frische Blätter auf 3 l Wasser (Abkochung), unverdünnt spritzen	gegen Läuse
Ringelblumen-Jauche (Blüten)	1 kg frisch oder 200 g getrocknet in 10 l Wasser vergären, 1:10 verdünnen	düngend, kräftigend
Salbei-Tee (Blätter)	150 g frisch oder 30 g getrocknet auf 10 l (Aufguss), unverdünnt spritzen	irritiert Schmetterlinge (Raupen), gegen Pilzkrankheiten
Schafgarben-Tee (blühendes Kraut)	150 g frisch oder 30 g getrocknet auf 10 l (Aufguss), unverdünnt spritzen	vorbeugend gegen Pilzkrankheiten, wachstumsfördernd, rottefördernd
Thymian-Tee (Blätter oder blühendes Kraut)	150 g frisch oder 30 g getrocknet auf 10 l (Aufguss), unverdünnt spritzen	abwehrstärkend, irritiert Schmetterlinge (Raupen), Viruserkrankungen, Pilzerkrankungen
Tomatenblätter-Kaltauszug (frische Blätter)	100 g auf 2 l Wasser, 3 Stunden ausziehen, unverdünnt spritzen	gegen Kohlweißlinge
Wermut-Tee (blühendes Kraut)	150 g frisch oder 30 g getrocknet auf 10 l Wasser (Aufguss), 1:2 verdünnen	gegen Ameisen, Erdflöhe und Blattläuse, gegen Säulenrost bei der Johannisbeere
Zwiebel-Tee (Knolle / Schale)	80 g auf 10 l Wasser (Aufguss) unverdünnt spritzen	gegen Pilzerkrankungen, wehrt Möhrenfliegen ab
Zwiebel-Jauche (Knolle / Schale)	500 g in 10 l Wasser vergären, 1:10 verdünnen	gegen Pilzkrankheiten
Aromaspritzung (ätherische Öle)	4–5 Tropfen ätherisches Öl auf 10 l Kamillentee, unverdünnt spritzen	erhöht Widerstandskraft, Blühfreudigkeit und Aromabildung
Magermilch	1:2 mit Wasser verdünnt	gegen Pilzkrankheiten und Läuse

Jedem seinen gebührenden Platz

Bitte Abstand halten

Hier finden Sie Empfehlungen, wie dicht Sie die verschiedenen Arten pflanzen sollten. Die erste Zahl gibt den Reihenabstand an, die zweite Zahl den Abstand der Pflanzen innerhalb der Reihe.

Alant: 60 × 30 cm
Andorn: 40 × 30 cm
Anis: 25 × 10 cm
Anis-Ysop: 35 x 30 cm
Arnika: 30 × 30 cm
Baldrian: 40 × 25 cm
Basilikum: 25 × 20 cm
Beifuß: 40 × 30 cm
Beinwell: 40 × 40 cm
Bohnenkraut: 25 × 20 cm
Berg-Bohnenkraut: 30 × 25 cm
Borretsch: 40 × 30 cm
Bibernelle: 40 × 20 cm
Dill: 25 × 20 cm
Dost (Oregano): 35 × 30 cm
Drachenkopf: 30 × 20 cm
Eberraute: 40 × 35 cm
Eibisch: 50 × 40 cm
Engelwurz: 50 × 50 cm
Enzian: 60 × 30 cm
Estragon: 40 × 30 cm
Fenchel: 45 × 40 cm
Frauenmantel: 35 × 30 cm
Goldrute: 40 × 30 cm
Indianernessel: 40 × 30 cm
Johanniskraut: 40 × 25 cm
Kamille: 30 × 20 cm
Katzenminze: 35 × 30 cm
Kapuzinerkresse: 30 x 25
Kerbel: 20 × 5 cm
Knoblauch 20 × 10 cm
Königskerze: 60 × 50 cm
Koriander: 25 × 15 cm
Kornblume: 30 × 15 cm
Kresse: 20 × 5 cm
Kümmel: 25 × 10 cm
Lavendel: 40 × 35 cm
Liebstöckel: 50 × 40 cm
Majoran: 25 × 15 cm
Malve: 60 × 40 cm
Mariendistel: 50 × 40 cm
Meerrettich: 60 × 25 cm
Petersilie: 25 × 15 cm
Pfefferminze: 30 x 20
Pimpinelle: 30 × 25 cm
Portulak: 20 × 15 cm
Ringelblume: 30 × 15 cm
Roter Schein-Sonnenhut: 40 × 30 cm
Salbei: 50 × 35 cm
Schafgarbe: 40 × 30 cm
Schnittlauch: 25 × 20 cm^
Spitz-Wegerich: 25 × 15 cm
Stiefmütterchen: 20 × 15 cm
Stockrose: 50 × 50 cm
Tausendgüldenkraut: 20 × 10 cm
Thymian: 30 × 20 cm
Veilchen: 20 × 15 cm
Waldmeister: 25 × 20 cm
Weinraute: 40 × 30 cm
Wermut: 50 × 40 cm
Ysop: 30 × 30 cm
Zitronen-Melisse: 40 × 30 cm
Zitronenverbene: 60 × 50 cm

Nicht nur an die Kräuterpflege denken, sondern einfach nur mal schnuppern und genießen.

Wo bekomme ich was?

Biologische Pflanzenschutzmittel und Dünger

Biokeller,
Konradstr. 17, 79100 Freiburg,
www.biokeller.de

Neudorff,
Postfach 1209, 31857 Emmerthal,
www.neudorff.de

Oscorna,
Postfach 4267, 89032 Ulm,
www.oscorna.de

Snoek Naturprodukte,
Tannenweg 10, 27356 Rottenburg,
www.snoek-naturprodukte.de

Österreich / Schweiz

Andermatt Biocontrol,
Stahlermatten 6,
CH-6146 Grossdietwil,
www.biocontrol.ch

Bio Cosmos,
Ober Laaer Str. 170, A-1100 Wien,
www.biocosmos.at

Nützlinge

Neudorff,
An der Mühle 3, 31860 Emmerthal,
www.neudorff.de

Öre Bio-Protect,
Neuwührener Weg 26-40,
24223 Raisdorf,
www.nuetzlingsberater.de

Sautter und Stepper,
Rosenstr. 19, 72119 Ammerbuch,
www.nuetzlinge.de

Kräutersaatgut und Kräuterpflanzen

(S) = Kräutersaatgut / (P) = Kräuterpflanzen / (T) = Kräutertee

Artemisia,
Hopfen 29, 88167 Stiefenhofen,
www.artemisia.de (P)

Bingenheimer Saatgut,
Kronenstr. 24, 61209 Echzell,
www.oekoseeds.de (S)

Biokeller,
Konradstr. 17, 79100 Freiburg,
www.biokeller.de (S)

Biolandhof Jeebel,
Jeebel 17, 29416 Riebau,
www.biogartenversand.de (S)

Bio-Saatgut Gaby Krautkrämer,
Eulengasse 2, 55288 Armsheim,
www.bio-saatgut.de (S)

Blumenschule,
Augsburger Str. 62,
86956 Schongau,
www.blumenschule.de (P)

Bornträger und Schlemmer,
In den Aspen, 67591 Offstein,
www.blauetikett.de (S)

Christian Herb,
Heiligenkreuz Str. 70,
87439 Kempten,
www.bio-kraeuter.de (P)

Dieter Gaißmayer,
Jungviehweide 3, 89257 Illertissen,
www.staudengaissmayer.de (P)

Dreschflegel,
Postfach 1213, 37202 Witzenhausen,
www.dreschflgel-saatgut.de (S)

Herb's,
Stedinger Weg 16, 27801 Dötlingen,
www.herb-s.de (P)

Hof Berggarten,
Lindenweg 17, 79737 Herrischried,
www.hof-berggarten.de (S / P)

Kräuterei Lützel,
Im Stillen Winkel 5,
57271 Hilchenbach-Lützel,
www.kraeuterey.de (P / S)

La Luna Kräutermanufaktur,
Rudi Beiser, Herrenstraße 12,
77948 Friesenheim-Schuttern (T)
www.lalunakraeuter.de

Naturwuchs,
Badenhorst 15, 33739 Bielefeld,
www.naturwuchs.de (S)

Pharmasaat,
Straße am Westbahnhof,
06556 Artern,
www.pharmasaat.de (S / P)

Raritätengärtnerei Treml,
Eckerstr. 32, 93471 Arnbruck,
www.kraeutertreml.de (P)

Rieger und Hofmann,
In den Wildblumen 7,
74572 Blaufelden-Rappolshausen,
www.rieger-hofmann.de (S / P)

Saatgut alter Naturpflanzen,
Im Geißen 1, 94166 Stubenberg,
www.biosaatgut.eu (S)

Syringa,
Bachstr. 7,
78247 Hilzingen-Binningen,
www.syringa-samen.de (S / P)

Wo erfahre ich mehr?

Österreich / Schweiz

Arche Noah,
Obere Str. 40,
A-3553 Schloss Schiltern,
www.arche-noah.at (S)

Biosem,
Le Burkli 83, CH-2019 Chambrelien,
www.biosem.ch (S)

Pro Specie Rara,
Pfrundweg 14, CH-5000 Aarau,
www.prospecierara.ch (S)

Sativa Rheinau,
Klosterplatz, CH-8462 Rheinau,
www.sativa-rheinau.ch (S / P)

Torffreie Erden

Neudorff,
An der Mühle 3, 31860 Emmerthal,
www.neudorff.de

Ökohum,
Obere Bergenstr. 8,
88518 Herbertingen,
www.ökohum.de

Bodenuntersuchungen von biologisch orientierten Instituten

Bodenuntersuchungen werden von den staatlichen Landwirtschaftlichen Untersuchungsanstalten (LUFA) angeboten. Etwas ausführlichere Analysen können Sie bei biologisch orientierten Instituten erhalten. Informieren Sie sich bei den Anbietern über den Umfang der Untersuchung und über die sachgemäße Entnahme der Probe aus dem Garten.

Die günstigste Zeit für eine Analyse ist das zeitige Frühjahr, bevor die Gartenarbeiten beginnen.

Agrofor,
Hauptstr. 27A, 35435 Wetterberg
(www.agrofor.de).

Österreich / Schweiz

Institut für Umwelttechnik,
Maygasse 8, A-8010 Graz

Eidgenössische Forschungsanstalt,
Postfach 185, CH-8820 Wädenswil

Bodenleben-Test

Anhand eines Farbschlüssels können Sie das Bodenleben und die Fruchtbarkeit Ihres Gartenbodens selbst messen. Das Testset ist erhältlich bei:

AUC,
Augustastr. 9, 53173 Bonn,
E-Mail: AUC.Bonn@t-online.de

Erntegut-Trockner

Keimling Naturkost,
Zum Fruchthof 7a, 21614 Buxtehude,
www.keimling.de

Puravita Naturwaren,
Schmautzer-Büchl-Weg 19 a,
82266 Inning am Ammersee,
www.puravita.de

Alles über Heilpflanzen, Ursel Bühring, Ulmer Verlag, Stuttgart

Biologischer Pflanzenschutz im Garten, Otto Schmid / Silvia Henggeler, Ulmer Verlag, Stuttgart

Der Biogarten, Marie-Luise Kreuter, BLV Buchverlag, München

Der Kräutergarten auf Balkon und Terrasse, Miriam Wiegele, Ulmer Verlag, Stuttgart

Die Blumenuhr, 3. Auflage, Jan Thorbecke Verlag, Ostfildern

Kompost im Garten, Krafft von Heynitz, Ulmer Verlag, Stuttgart

Kräuter aus dem Garten, Franz-Xaver Treml, Kosmos Verlag, Stuttgart

Kräuter und Gewürze, Marie Luise Kreuter, BLV Verlag, München

Linnés Blumenuhr, Scheibe aus Hartpappe, Jan Thorbecke Verlag, Ostfildern

Medizin der Erde, Susanne Fischer-Rizzi, AT-Verlag, Aarau

Mulchgärtnern ohne Arbeit, Ruth Stout, pala Verlag, Darmstadt

Pflanzen duften den Garten gesund, Benediktinerinnen-Abtei, Fulda

Pflanzensaft gibt Pflanzen Kraft, Benediktinerinnen-Abtei, Fulda

Tee aus Kräutern und Früchten, Rudi Beiser, Kosmos Verlag, Stuttgart

Wo finde ich was im Buch?

Bildquellen

Beck, Manuela: Seite 130.
Beiser, Rudi: Titelei, 13 re., 23 o., 23 2. v. u., 23 u., 25 2. v. o., 27 o., 27 2. v. u., 37, 39, 56, 57, 62, 64, 65 o., 73, 79, 81 o. li., 81 u. li., 83, 89 o., 93, 95, 116, 117, 118, 121, 122, 124, 127, 129, 132, 134, 136, 137, U4 re.
Berger, Frank M. von: Seite 16.
Bohne, Burkhard: Seite 119.
Bühring, Ursel: Seite 25 o., 81 u. re., 133, 135.
chake - Fotolia.com: Seite 25 2. v. u.
Eising/StockFood: Seite 113.
emer - Fotolia.com: Seite 25 Mitte, 81 o. Mitte.
Faßmann, Natalie: Seite 46, 106, U4 Mitte.
Hauenstein, Heinz: Seite 4 Mitte, 10/11, 21, 48.
Hecker, Frank: Seite 63 u.
Hehn, Sebastian - Fotolia.com: Seite 68.
Horticulture - Fotolia.com: Seite 128.
iStockphoto/Beddoe, Chris: Seite 78.
Jan Thorbecke Verlag: Seite 85.
Kawollek, Wolfgang und Marco: Seite 49 re. o., 49 re. Mitte, 49 re. u.
Kowalzik, Doris: Seite 31, 98.
Laux, Hans E.: Seite 18, 131.
Mattheus-Staack, Elke: Seite 51.
mauritius images/Oredia: Seite 107.
mauritius images/Garden Picture Library: Seite 12.
mauritius images/Imagebroker/Becker, Richard: Seite 65 u.
Möhrle, Bigi: Titelfotos, Vorsatz vorne, Seite 2, 4 o., 4 u., 5 o., 5 Mitte, 5 u., 7, 8, 9, 13 li., 14 o., 15, 20, 28/29, 30, 35 re., 38, 41, 42, 50 o., 50 u., 52, 53 o., 53 u., 54, 55, 59, 61, 67, 69 re., 70, 71, 75, 76/77, 82, 84, 87, 88, 89 u., 90/91, 92, 96, 100, 101, 103, 104, 105, 108, 110, 111, 114/115, 139, 140/141, 144, Vorsatz hinten, U4 li.
Redeleit und Junker: Seite 14 u., 19 o., 27 u., 33, 45, 99, 109, 138.
Reinhard, Hans: Seite 17, 23 2. v. o., 23 Mitte, 27 2. v. o., 34, 36, 47, 80, 81 o. re., 120, 125, 126.
Reinhard, Nils: Seite 43 li.
Schissler & Fey; www.der-augenblick.com: Seite 44.
Schneider, Jutta/Will, Michael: Seite 19 u., 32, 43 re.
Shebeko, Maksim - Fotolia.com: Seite 25 u., 58.
Shutterstock/LianeM: Seite 72.
Staudengärtnerei Gaissmayer: Seite 123.
Wey, Peter - Fotolia.com: Seite 63 o.
Zoonar/LianeM: Seite 49 li.
Zwermann, Karin: Seite 35 li., 69 li.

Die Zeichnungen fertigten:
Müller, Lutz-Erich: Seite 11, 29, 77, 91, 115, 141.
Schick, Claudia: Seite 22, 24, 26.

Impressum

Die in diesem Buch enthaltenen Empfehlungen und Angaben sind vom Autor mit größter Sorgfalt zusammengestellt und geprüft worden. Eine Garantie für die Richtigkeit der Angaben kann aber nicht gegeben werden. Autor und Verlag übernehmen keinerlei Haftung für Schäden und Unfälle.

Bibliografische Information der Deutschen Nationalbibliothek
Die Deutsche Nationalbibliothek verzeichnet diese Publikation in der Deutschen Nationalbibliografie; detaillierte bibliografische Daten sind im Internet über http://dnb.d-nb.de abrufbar.

Wollgrasweg 41, 70599 Stuttgart (Hohenheim)
E-Mail: info@ulmer.de
Internet: www.ulmer.de
Lektorat: Antje Krause, Karin Wachsmuth
Herstellung: Gabriele Wieczorek
Umschlagentwurf: red.sign, Anette Vogt, Stuttgart
Satz: Atelier Reichert, Stuttgart
Reproduktion: timeray, Herrenberg
Druck und Bindung: Firmengruppe APPL, aprinta druck, Wemding
Printed in Germany

ISBN 978-3-8001-7662-5